医疗设备电磁兼容测试技术及应用

Electromagnetic Compatibility Testing Technology and Application for Medical Equipment

宋盟春 李伟松 主 编
陈嘉晔 伍倚明 副主编

清华大学出版社

北京

内 容 简 介

本书首次系统介绍医疗设备电磁兼容测试技术,从基本原理出发,结合医疗设备电磁兼容检测标准,全面系统地阐述了医疗设备(不含植入式医疗设备)电磁兼容检测要求。

本书共6章。第1章主要阐述了电磁兼容的发展,电磁干扰的危害和电磁兼容的基本知识;第2章介绍了国际及国内电磁兼容标准化组织、医疗设备电磁兼容标准体系及产品标准对电磁兼容的特殊要求;第3章系统阐述了医用电气设备的电磁兼容测试要求;第4章介绍了测量、控制和实验室用的电设备的电磁兼容测试标准、试验要求和性能判据等;第5章论述了大型医疗设备或系统电磁兼容现场测试的试验要求、试验方法,分析了其与试验场地检测的差异性及特殊处理方法;第6章通过总结分析大量的实际测试案例,总结了常见的几类医疗设备的电磁兼容测试。

本书可作为高等院校生物医学工程、医疗器械检测、医学仪器等专业本科生的教材,也可作为从事医疗设备科学研究的工程技术人员、硬件设计师、测试工程师进行电磁兼容可靠性设计和检测的参考书,同时也是医疗器械注册、认证技术人员的重要学习参考资料。

图书在版编目(CIP)数据

医疗设备电磁兼容测试技术及应用/宋盟春,李伟松主编.—北京:清华大学出版社,2019
(2024.8重印)

ISBN 978-7-302-52524-0

Ⅰ.①医… Ⅱ.①宋… ②李… Ⅲ.①医疗器械－电磁兼容性－测试 Ⅳ.①TH77

中国版本图书馆 CIP 数据核字(2019)第 043957 号

责任编辑:曾 珊
封面设计:常雪影
责任校对:李建庄
责任印制:宋 林

出版发行:清华大学出版社
　　　　　网　　址:https://www.tup.com.cn,https://www.wqxuetang.com
　　　　　地　　址:北京清华大学学研大厦 A 座　　邮　　编:100084
　　　　　社 总 机:010-83470000　　　　　邮　　购:010-62786544
　　　　　投稿与读者服务:010-62776969,c-service@tup.tsinghua.edu.cn
　　　　　质量反馈:010-62772015,zhiliang@tup.tsinghua.edu.cn
　　　　　课件下载:https://www.tup.com.cn,010-83470236
印 装 者:天津鑫丰华印务有限公司
经　　销:全国新华书店
开　　本:170mm×240mm　　印　　张:14.5　　字　　数:285 千字
版　　次:2019 年 6 月第 1 版　　　　印　　次:2024 年 8 月第 5 次印刷
定　　价:69.00 元

产品编号:081259-01

编审委员会

前言
PREFACE

随着科学技术的发展,电子技术逐步向高频、高速、高精度、高可靠性、高灵敏度、高集成化等方面发展,电气和电子设备的电磁兼容性问题日益突出,并受到各国政府的高度重视,越来越多的电磁兼容指令、规范和标准逐步出台并要求强制执行。除了第三方检测机构,很多企业达到一定规模后,也开始建立自己的 EMC 实验室,以满足产品研发阶段、产品认证阶段的检测需求,以提高产品电磁兼容性能、降低产品成本、缩短上市周期。在医疗设备电磁兼容检测过程中,一方面,因医疗设备种类繁多,电磁兼容检测方法复杂,设备和线缆布置要求相对特殊,运行模式和测试结果判定考虑因素较多等,极大地影响了技术人员获得准确的测试数据和结果,为相关工作的开展带来了极大困惑,甚至出现不同实验室检测结果差异较大,相互质疑等情况;另一方面,电磁兼容费效比关系规律表明,随着产品的设计、测试和生产进程,后期解决电磁兼容问题的方法越来越少且成本越来越高。要做好产品的电磁兼容设计,首先需要了解产品电磁兼容试验的原理和要求。因此,对于医疗设备工程师来说,掌握医疗设备电磁兼容测试项目、测试标准和试验原理等知识,有利于提高检测结果的重复性和准确性,同时在产品研发阶段就考虑电磁兼容要求,提高产品电磁兼容设计水平。

相比于其他行业的电磁兼容标准要求,我国医疗设备的电磁兼容强制性检测要求起步较晚。2012 年 12 月,国家食品药品监督管理总局发布了 YY 0505—2012《医用电气设备 第 1-2 部分:安全通用要求 并列标准:电磁兼容 要求和试验》行业标准,同时发布了 2012 年第 74 号《关于发布实施 YY 0505—2012 医疗器械行业标准的公告》,及 2012 年 12 月 19 日食药监办械〔2012〕149 号《关于印发 YY 0505—2012 医疗器械行业标准实施工作方案的通知》和食药监办械〔2012〕151 号《关于 YY 0505—2012 医疗器械行业标准实施有关工作要求的通知》,至此,医疗设备的电磁兼容标准要求在我国开始强制实施。

本书从电磁兼容的基本原理出发,结合医疗设备电磁兼容检测标准,分 6 章全面系统地阐述了医疗设备(不含植入式医疗设备)电磁兼容检测方法和要求。第 1 章主要阐述了电磁兼容的发展、电磁干扰的危害和电磁兼容的一些基础知识;第 2

章介绍了国际及国内电磁兼容标准化组织、医疗设备电磁兼容标准体系及产品标准在电磁兼容方面的特殊要求；第3章阐述了医用电气设备的电磁兼容测试相关内容，逐节具体分析了各个检测项目的试验目的、试验原理、试验等级、试验方法及试验布置等；第4章介绍了测量、控制和实验室用的电设备的电磁兼容测试标准、试验要求和性能判据等；第5章论述了大型医疗设备或系统电磁兼容现场测试的试验要求、试验方法，分析了其与试验场地测试的差异性及特殊处理方法；第6章分析了几种医疗设备电磁兼容测试案例，从产品的工作原理及组成、运行模式的选择、测试布置的要求、基本性能和符合性判定等方面进行总结归纳。

本书是编者基于多年医疗设备电磁兼容测试和产品设计工作实践，并结合医疗设备相关标准要求编写完成的。内容编排简洁清晰，概念原理论述清楚，结合了生动案例分析，并辅以图示，概括总结了医疗设备电磁兼容测试理论、测试方法、测试要求和具体应用案例。本书适用范围广，可作为高等院校生物医学工程、医疗器械检测、医学仪器等专业的教材，也可作为从事医疗设备科学研究的工程技术人员、硬件设计师、测试工程师等进行电磁兼容可靠性设计和检测的专业参考书，也是医疗器械注册、认证技术人员的重要学习参考资料。

本书的试验数据、检验方法验证等实践成果是在广东省医疗器械质量监督检验所提供的试验场地和试验设备基础上完成的。感谢清华大学出版社对本书给予的帮助与支持！本书能够顺利出版，离不开所有参与人员的鼎力帮助和大力支持！

本书得到了广东省医疗器械质量监督检验所和广东省科技计划项目研发应用型专项资金项目"数字分娩医疗器械的研发与产业化"（2015B020233010）的资助，特此鸣谢。

由于作者水平有限，时间较紧，医疗设备电磁兼容测试标准和相关技术发展迅速，虽然付出了最大的努力，本书内容难免存在不当和疏漏之处，敬请各位读者和专家指正。

编者

2019 年 4 月

目 录

CONTENTS

第 1 章

概　　述

电磁兼容作为一门新兴的跨学科的综合性应用学科，其基础理论涉及电磁场理论、通信理论、天线理论、电气等诸多学科，应用范围涉及所有用电相关领域。研究的主要核心是在有限的空间、时间和频谱资源条件下，各种电气设备可以共存而不致引起降级，也就是电气和电子设备的电磁兼容性(ElectroMagnetic Compatibility, EMC)。随着科学技术的发展，电子技术逐步向高频、高速、高精度、高可靠性、高灵敏度、高密度(小型化、大规模集成化)、大功率、小信号运用和复杂化等方面发展，电磁兼容问题更加突出。电气和电子产品的电磁兼容性问题受到各国政府的高度重视，越来越多的电磁兼容标准被制定出来，电磁兼容性问题已成为社会共同关注的热点。

1.1　电磁兼容发展历史

电磁兼容是伴随着无线电波的应用而出现的。1896 年马可尼与波波夫几乎同时实现了利用无线电波的通信，人们首先将无线电波用于无线电声音广播。20 世纪 20 年代，美国出现了大量的无线电广播电台，随后，人们发现这些电台信号有时被干扰，逐渐认识到无线电噪声干扰(又称电磁噪声)与设备生产厂商有着密切的关系。为了解决电磁干扰问题，保证无线电传输可靠性，美国全国电光协会和美国电气制造商协会组建了技术委员会，负责研究无线电噪声干扰的各个方面，并开发相应的测量技术和制定性能标准。

20 世纪初，欧洲的一些国家也开始对无线电干扰(又称电磁干扰)问题进行研究，发表了一些关于电磁干扰各方面的技术文献，这些文献涉及无线电发射的干扰与接收的干扰。随着电气设备发展，国际贸易加强，各类电气设备除了生产国使用之外，也可能会在其他国家销售和使用，这些设备须符合各有关国家的无线电干扰相关标准。因此，人们逐渐认识到无线电干扰领域应进行国际层次的技术合作的重要性，通过对无线电干扰国际层次的研究，从而协调并合理地解决无线电干扰执行标准不一致问题。

20世纪30年代,国际电工委员会(International Electrotechnical Commission, IEC)和国际广播联盟开始联手解决有关无线电干扰技术问题。1933年,成立国际无线电干扰特别委员会(International Special Committee on Radio Interference, CISPR),专门从事有关无线电干扰标准的研究和制定工作。1934年6月28～30日,在巴黎举行了CISPR第一次会议,确定了无线电干扰的可接受上限和测量这种干扰的方法。CISPR主要负责制定频率大于9kHz电磁发射的基础标准和通用标准。

1964年,IEEE Transaction的"射频干扰(RFI)"分册改名为电磁兼容(EMC)分册,"电磁兼容"这一名词正式启用。

1974年9月,国际电工委员会(IEC)成立电器设备(包括网络)之间的电磁兼容性技术委员会(TC77)。TC77负责制定小于等于9kHz电磁发射的基础标准和通用标准及整个频率范围内的抗扰度基础标准和通用标准。TC77制定的国际标准是IEC 61000系列。

随着集成电路大规模应用,电子工业的发展开始循着摩尔定律前进。摩尔定律预测:集成电路的集成度每3年增长4倍,特征尺寸每3年缩小1/4。或者说集成电路的逻辑密度每18个月将翻一番。单位尺寸内电子元器件数量增加使得电磁兼容问题也以指数规律迅速增长。

到了20世纪90年代,计算机、信息技术和通信等领域中数字技术得以迅速发展,而数字设备广泛使用固体元器件和集成电路,对电磁噪声非常敏感,不能很好识别脉冲信号与瞬态噪声。在电磁干扰的影响下,它们很容易产生失效。数字电路和设备所采用的时钟频率也越来越高,较短上升时间的脉冲产生大量的电磁噪声,对无线电通信的干扰影响也越大。所以需要专门的电磁兼容设计和工程方法来保护无线电通信正常工作和敏感元器件免受电磁噪声的损伤。在过去的20多年里,电磁兼容领域越发受到重视,世界范围内的相关专家、学者对此做了大量研究,在此领域发表了许多论文。各国政府也纷纷制定相关电磁兼容指令、规范和标准,并要求强制性执行,不符合电磁兼容标准要求的产品不允许投放市场。

1.2 我国医疗设备电磁兼容发展情况

为了促进电磁兼容在我国研究和标准化工作,对应于CISPR成立了"全国无线电干扰标准化技术委员会",对应TC77成立了"全国电磁兼容标准化联合工作组"。1983年我国制定了第一个国家级的电磁兼容标准(GB/T 3907—1983)《工业无线电干扰基本测量方法》。

医疗器械的电磁兼容测试标准我国在较长的一段时间里一直处于空白的状态,直到2005年4月5日,国家食品药品监督管理局发布了医疗器械强制性行业标准YY 0505—2005《医用电气设备 第1-2部分:安全通用要求 并列标准:电磁兼容 要求和试验》,并定于2007年4月1日起实施。这是我国首部关于医用电气设备电磁兼容性要求的国家强制标准。但由于当时实施条件不成熟,以及医疗器械生产企业对电磁兼容关注程度不高,医疗器械产业技术实力还不强,2006年9月18日,国家食品药品监督管理局发布了国食药监械[2006]499号"关于延期实施YY 0505—2005《医用电气设备第1-2部分:安全通用要求 并列标准:电磁兼容 要求和试验》行业标准的通知",决定延期实施该行业标准。

随着电子、信息技术、通信技术在医疗设备中的广泛应用,以及新的通信技术(如个人通信系统等)在社会生活各范畴的迅速发展,使得医疗设备使用时所处的电磁环境日益复杂。一方面,在其使用过程中可能受到周围电气设备等电磁能发射的干扰,造成对患者的伤害;另一方面如果其电磁兼容性指标达不到要求,因其自身也会发射电磁能,可能影响无线电通信业务和周围其他设备的正常运行。因此,电磁兼容性指标日益成为医用电气设备的重要安全指标。随着经济全球化,我国不少医疗器械生产企业通过国际交流和技术创新,整个医疗器械产业技术实力得到很大提升,医疗器械的电磁兼容测试标准实施条件日益成熟。2012年12月,国家食品药品监督管理局发布了YY 0505—2012《医用电气设备 第1-2部分:安全通用要求 并列标准:电磁兼容 要求和试验》行业标准,YY 0505—2012等同采用了国际标准IEC 60601-1-2:2004。2012年12月17日国家食品药品监督管理局发布了2012年第74号"关于发布实施YY 0505—2012医疗器械行业标准的公告",及2012年12月19日食药械办械[2012]149号"关于印发YY 0505—2012医疗器械行业标准实施工作方案的通知"和食药监办械[2012]151号"关于YY 0505—2012医疗器械行业标准实施有关工作要求的通知"。据通知内容可知,2014年1月1日起申报注册的第Ⅲ类医疗电气设备在注册时应提交符合电磁兼容标准要求的检测报告;2015年1月1日起申报注册的第Ⅱ类医疗电气设备在注册时应提交符合电磁兼容标准要求的检测报告。检验诊断类医疗设备执行GB/T 18268.1—2010《测量、控制和实验室用的电气设备 电磁兼容性要求 第1部分:通用要求》标准。至此,医疗器械EMC标准要求在我国开始强制实施,这一重要举措,有利于提升我国医疗设备电磁兼容设计水平,提高企业的自主开发能力,保证产品的安全性和有效性,确保患者用械安全,推动我医疗器械产业的健康发展,进一步吸收采纳国际先进标准,与国际市场接轨。

1.3 电磁干扰的危害

当环境中不同种类、不同用途、不同来源的电磁场同时存在,并且强度超过一定的限值时,电磁波便成为一个重要的环境污染要素,对周围的设备和人们的健康造成影响。人类生活的空间中充满着各种电磁波。射频电磁波既是有益于人类社会发展的信息载体,又是潜在的电磁干扰的要素,研究如何合理利用它并有效规避对外界的干扰,便形成了对电磁兼容学科的研究,随之也延伸出了电磁兼容标准、测试技术和产品优化设计的发展。

1. 电磁干扰对医疗设备的影响

近年来,随着高敏感性电子技术在电气设备中广泛应用和新通信技术(如个人通信系统、蜂窝电话等),在社会生活各领域的迅速发展,电气设备在工作时不仅自身会发射电磁能,影响无线电广播通信业务和周围其他设备的工作,而且在它的使用环境内还可能受到周围如通信设备等电磁能发射的干扰,从而导致设备失效。特别是医用电气设备,在治疗工作时因电磁干扰影响导致性能下降,可能造成对患者的伤害或者导致医生无法对患者病情做出正确诊断。设备的电磁干扰如图 1-1 所示。

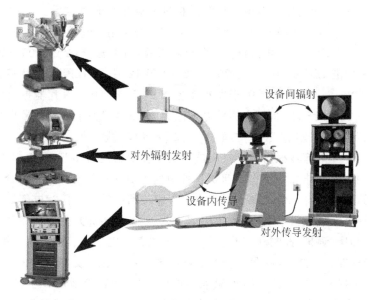

图 1-1 设备的电磁干扰

电磁噪声干扰可能会影响一些高敏感度的医疗设备的诊断和监护进程,甚至导致设备不能正常运行,从而影响医生诊断,严重会导致病人失去生命。例如心脑电图机、监护仪、超声诊断仪和检测人体生物电信号的仪器设备等受到电磁干扰后,在其原有信号上叠加了干扰信号导致图形出现偏差甚至抖动,造成检测结果出现偏差,使医生无法准确诊断病人真实的病情。

例如,呼吸机以及心脏起搏器,一旦受到干扰不能正常工作将会对人的生命安全造成威胁。在手术室,高频电刀对患者的组织切割时,曾出现过对控温毯温度产生电磁干扰,温度控制失效,从而导致患者背部烫伤。

1973—1993 年的 20 年间,美国 FDA 曾收到疑为因医疗器械受电磁干扰引发的事故报告超过 100 件,其中,FDA 认定的事例有:

(1) 新生儿呼吸监护仪受调频电台的 FM 发射的影响。这种新生儿呼吸监护仪在新生儿呼吸停止时就会产生报警,由于干扰调制波的影响干扰了呼吸的节律,导致报警失灵。

(2) 心率/氧浓度仪。对已死亡的患者仪器显示 100% 的氧饱和度和 60bpm(每分钟心跳数)的心率,查其原因是通信发射机过于靠近氧浓度仪。

2. 电磁辐射对人体健康的危害

科技的进步给我们生活带来了许多便利的同时,也带来了危害我们身体健康的电磁辐射污染。

电磁辐射对人体健康的危害主要是电磁波作用于人体后产生的生物效应。生物效应是指电磁场与机体之间的相互作用,产生一系列生理影响。在电磁场的作用下,人体内将产生感应电磁场。由于人体各种器官均为有耗介质,所以人体内的电磁场将会产生电流,同时吸收和耗散电磁波能量。目前已经确认,射频电磁辐射量如果达到足够高的水平会对生物组织造成潜在的破坏,主要是因为人体不能承受由此产生的过多热量。电磁辐射作用于人体之后,一部分被体表反射,一部分被吸收,一般可分为热效应和非热效应。

1.4 电磁兼容释义

电磁兼容,是指设备或系统在其电磁环境中能正常工作且不对该环境中任何事物构成不能承受的电磁骚扰的能力。

电磁兼容包括两个方面的要求:电磁骚扰和电磁抗扰度。

1. 电磁骚扰(ElectroMagnetic Disturbance)

电磁骚扰,是指任何可能引起装置、设备(系统)性能降低或者对有生命(无生命)物质产生损害作用的各种电磁现象。电磁骚扰可能是电磁噪声、无用信号或传播媒介自身的变化。

在电磁兼容范畴,主要研究以下几种电磁骚扰:

(1) 以设备电源线的传导为途径向外产生的传导骚扰;

(2) 以设备I/O线、互连线的传导为途径向外产生的传导骚扰;

(3) 通过空间电磁场向外产生的辐射骚扰;

(4) 接入电网的设备导致电源波形失真而产生的谐波;

(5) 接入电网的设备在启停过程中对电网造成的电压波动和闪烁等。

2. 电磁抗扰度（ElectroMagnetic Susceptibility）

电磁抗扰度,又称电磁敏感性,是指在电磁骚扰环境中,设备具有一定程度的抗电磁干扰能力。评价一个设备的抗干扰能力,衡量标准不是单一的,而往往有多种评价等级。这主要取决于该设备的重要性、使用场合及对周围的人和物的影响作用等。

在电磁兼容范畴,主要研究以下几种抗电磁骚扰:

(1) 来自设备电源端口以电源线的传导为途径的电磁骚扰;

(2) 来自设备I/O端口和功能接地端口以I/O线、互连线的传导为途径的电磁骚扰;

(3) 来自于空间电磁场的射频辐射电磁场骚扰;

(4) 静电放电等产生的电磁骚扰等。

设备端口实例如图1-2所示。

图1-2 设备端口实例

1.5 电磁干扰的三要素

电磁兼容的研究主要是围绕构成干扰的三要素进行,产生电磁兼容问题,必须同时具备电磁骚扰源、耦合途径、敏感设备三个条件。其中,电磁骚扰源是指产生电磁骚扰的任何元件、器件、设备、系统或自然现象;耦合途径是指将电磁骚扰能量传输到受干扰设备的通路或媒介;敏感设备是指当受到电磁骚扰源所发射的电磁能量的作用时,导致性能降级或失效的器件、设备、分系统或系统。所有的电磁干扰都是由上述三个因素组合一起而产生的。电磁干扰三要素如图1-3所示。

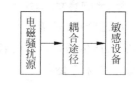

图1-3 电磁干扰三要素

1. 电磁骚扰源

如果根据电磁骚扰的来源进行划分,可以分为自然骚扰源和人为骚扰源两大类。

(1) 自然干扰源是指自然界的电磁现象所引发的电磁干扰,这类干扰通常包括大气噪声、宇宙噪声、雷电噪声和银河系噪声等。

(2) 人为干扰源是指人造的电子系统或设备工作时伴随的电磁干扰,实际环境中更常见的干扰是人为干扰源。人为产生的干扰有些是为了特定功能发射出来的电磁能量,例如:无线通信、雷达等,有些是设备工作时伴随着发射的,如数字设备、开关电源等。

人为干扰源种类很多,从而导致人为干扰源的范围极其广泛,因而产生的影响也非常大。可见,抑制人为干扰源是消除电磁干扰的重要措施和主要手段。

电磁骚扰源的研究包括其发生的机理、时域和频域的定量描述,以便从源端来抑制骚扰的产生。

2. 耦合途径

耦合途径是电磁干扰三要素中非常重要的一个环节,是电磁骚扰源产生的能量到达敏感设备的传输渠道。耦合途径有:通过空间辐射;通过导线传导。

在实际的产品设计中只要能够采取一定的措施或手段来切断各种途径,就可以很好地消除电磁干扰。

3. 敏感设备

对于电磁干扰来说,敏感设备就是电磁干扰能量作用的载体,是指当受到电磁骚扰源所发射的电磁能量的作用时导致产品性能降级或失效。对于敏感设备来说,消除电磁干扰的最直接方法是使得敏感设备对于电磁干扰能量的作用变得不敏感。这方面主要是通过屏蔽、滤波等技术来提高设备本身的抗干扰能力。

1.6 电磁兼容设计的三个原则

电磁兼容技术就是围绕以上三个要素展开的,通过研究每个要素的特点,提出消除每个要素的技术手段,以及这些技术手段在实际工程中的实现方法。在进行产品电磁兼容设计时有 3 个重要原则。

原则一:电磁兼容费效比关系规律

随着设备开发进程,从设计到试制再到生产,后期解决电磁兼容问题方法逐步减少,同时成本上升。电磁兼容费效比关系如图 1-4 所示。

所以,在设备开发时,开发人员在设计的开始就预先考虑电磁兼容性问题、子系统的电磁兼容性和噪声抑制,那么所需的电磁兼容技术通常简单明了。经验表

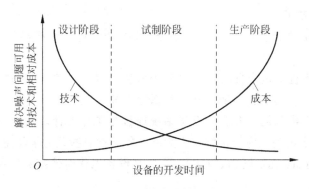

图 1-4　电磁兼容费效比关系

明用这种方式处理电磁兼容,开发人员在设备试制之前就能够排除 90% 以上的潜在电磁兼容问题。这种方法是最可取和符合成本效益的。

相反,如设备开发初期不重视电磁兼容设计,在后期为了符合电磁兼容标准要求,解决方案可能非但在技术上带来很大难度,而且将带来费用和时间的浪费,甚至涉及结构和 PCB 的重新设计。通常采用增加不属于电路组成部分的额外组件的办法,后果是增加了产品成本,还有可能增大尺寸、重量和功耗。

原则二:高频电流环路面积越大,电磁辐射越严重

电磁辐射大多是设备上的高频电流环路产生的,最恶劣的情况就是天线的开路形式。对应处理方法就是在产品设计时减少高频电流回路面积,尽量消除任何非正常工作需要的等效辐射天线,如不连续的布线或有天线效应的元器件过长的插脚,想方设法减小高频电流环路面积。

原则三:环路电流频率越高,电磁辐射越严重

电磁辐射场强随电流频率的平方成正比增大,减小骚扰源高频电流频率可以降低辐射骚扰或提高射频辐射抗干扰能力。

了解 EMC 电磁干扰三要素和 EMC 设计三原则,会使得 EMC 问题变得有规可循。

1.7　传输线的分布参数特性

在电磁兼容检测和设计过程中,了解传输线的分布参数特性,有利于理解电磁兼容检测原理。在电路原理图中传输线是理想的连接导线,但在实际使用中传输线具有电阻、电容、电感等特性,尤其在频率比较高时这些分布参数对信号的传输有着十分重要的影响。

1. 传输线的电阻

任何导体都存在一定的电阻,在导线中流过直流或低频电流时电荷在导线横

截面上是均匀分布的,导线的电阻为

$$R_{DC} = \frac{1}{\sigma \pi r^2} \qquad (1\text{-}1)$$

式中:R_{DC} 为直流电阻,Ω/m;σ 为金属电导率,S;r 为导线的半径,m。

当导线中流过高频电流时由于高频集肤效应,导线中的电流主要集中在导体的表面,而导线中心几乎没有电流,因此导线的交流电阻将大于直流电阻,可用式(1-2)表示

$$R_{AC} = \frac{1}{\sigma 2\pi r \delta} \qquad (1\text{-}2)$$

式中:δ 为金属集肤深度,$\delta = \dfrac{1}{\sqrt{\pi f \mu \sigma}}$,其中,$\mu$ 为磁导率,f 为频率。

式(1-2)也可表达为

$$R_{AC} = \frac{r}{2\delta} R_{DC} = \frac{1}{2r} \sqrt{\frac{\mu}{\pi \sigma}} \sqrt{f} \qquad (1\text{-}3)$$

由式(1-3)可知交流电阻与 $\sqrt{f}$ 成正比,该式适用于频率较高($\delta \leqslant \dfrac{r}{2}$)的电阻,低频和直流电阻仍采用式(1-2),见图1-5。

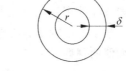

导线的交流电阻可用改变截面积形状的方法来减小,例如同样截面积的矩形导线比圆形导线具有更大的表面,所以交流电阻比圆导线小。接地导线常采用扁平矩形导线替代圆导线,以减小高频电阻。

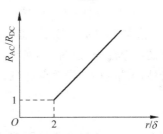

图 1-5 导线的交流电阻和
直流电阻的比值

2. 传输线的电感

当导线中流有电流时导线中和导线周围都存在磁场,因此导线具有内电感和外电感,内电感与内磁场有关,可用下式计算:

$$L_i = \frac{1}{4\pi r} \sqrt{\frac{\mu}{\pi \sigma}} \times \frac{1}{\sqrt{f}} \quad (H/m) \qquad (1\text{-}4)$$

平行双线组成环路的电感(外电感)为

$$L_o = \frac{\mu}{\pi} \ln\left(\frac{s}{r}\right) \quad (H/m) \qquad (1\text{-}5)$$

式中:s 为双平行线的间隔;r 为导线半径。

该式适用条件为 $s \geqslant 5r$。平行双线的总电感应为内电感和外电感之和。但由式(1-4)和式(1-5)看,内电感远小于外电感,而且频率升高时内电感进一步下降,

所以内电感常常可以忽略，一般称导线的电感时均指导线的外电感。由式(1-5)可知导线线径越粗，电感越小，但由于电感和线径是对数关系，所以线径扩大到一定程度后再增加线径也不会使电感有太多的减小。导线间的间隔越大，电感越大，同样，间隔增加到一定程度后电感不会有明显的增加，这时导线中电流产生的磁力线几乎都包含在平行线组成的环内。应该指出的是导线电感(外电感)总是伴随环路的存在而存在的，没有环路也无所谓电感。这里的电感实际上是指该导线离其他导线距离较远(至少几厘米以上)时的电感。

3. 传输线的电容

任何两块金属之间都存在电容，平行导线对之间的电容为

$$C = \frac{\pi\varepsilon}{\ln\left(\frac{s}{r}\right)} \quad (\text{F/m}) \tag{1-6}$$

导线的间隔越远，电容越小，导线的线径越粗，电容越大。

由式(1-5)、式(1-6)可以得到一个很有意思的公式，即：

$$LC = \mu\varepsilon \tag{1-7}$$

如果导线周围的介质是均匀、不变的，则 μ、ε 不变，LC 为常数，这意味着传输线的电感增加了则电容必定会减小，反之亦然。这给我们比较传输线的好坏提供了很方便的判据。

4. 传输线的特性阻抗

传输线具有电阻、电感和电容，对于均匀一致的传输线，它们均匀分布在传输线的各个部分，如图 1-6 所示，称为分布参数。为了更好地描述传输线的分布参数特性，这里引入"特性阻抗"Z_0 的概念，其定义为

$$Z_0 = \sqrt{\frac{L}{C}} \tag{1-8}$$

式中：Z_0 为传输线特性阻抗；L 为传输线分布电感；C 为传输线分布电容。

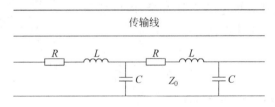

图 1-6　传输线上的分布参数

当传输线上传输的是低频信号时，主要考虑线上的电阻 R。当传输的是高频信号时，传输线的阻抗由感抗决定，且由于分布电容 C 的存在，线缆之间存在耦合。

1.8 常用电磁兼容分贝单位

电磁兼容中经常使用分贝(dB)为单位,分贝表示两个量之间比值的对数,本身没有单位。如果这个比值以某一个特定的量为参考,就需要再加一个后缀来表示。在电磁兼容中骚扰电压单位常用 μV,电磁场强单位常用 $\mu V/m$,功率常用 mW,其中,$1\mu V=10^{-6}V$,$1\mu V/m=10^{-6}V/m$,$1mW=10^{-3}W$。

如用分贝表示,则为

$$U[dB(\mu V)]=20\lg\frac{U}{1\mu V} \tag{1-9}$$

$$E[dB(\mu V/m)]=20\lg\frac{E}{1\mu V/m} \tag{1-10}$$

$$P[dBm]=10\lg\frac{P}{1mW} \tag{1-11}$$

式中:U 为电压;E 为电场强度;P 为功率。

采用分贝作计量单位的主要意义有:

(1) 分贝具有压缩数据的特点;

(2) 分贝具有使物理量之间的换算便捷的特点,使较复杂的乘除及方幂的运算变为简单的加减和对数运算。

对于一给定的 Z 阻抗,以 $dB\mu V$ 表示的电压与以 dBm 表示的功率之间的转换表达式为

$$U(dB\mu V)=90+10\lg Z+P(dBm) \tag{1-12}$$

表 1-1 中给出了 $dB\mu V$ 与 dBm 的比较($Z=50\Omega$),对于查询比较简便。

表 1-1 $dB\mu V$ 与 dBm 的比较($Z=50\Omega$)

$dB\mu V$	电　　　压	dBm	功　　　率
0	$1.0\mu V$	-107	$0.02pW$
10	$3.162\mu V$	-97	$0.2pW$
20	$10.0\mu V$	-87	$2.0pW$
60	$1.0mV$	-47	$20.0nW$
80	$10.0mV$	-27	$2.0\mu W$
100	$100.0mV$	-7	$200.0\mu W$
120	$1.0V$	$+13$	$20mW$

1.9 本章小结

本章简要介绍了电磁兼容发展历史与我国医疗设备电磁兼容发展情况,从对医疗设备的影响与人体健康的危害两个方面,对电磁干扰的危害进行了说明。阐述了电磁干扰的三要素:骚扰源、耦合途径、敏感设备,以及电磁兼容设计的三原则,并对传输线的分布参数特性和常用电磁兼容单位(分贝)作了简要介绍。了解电磁兼容相关基础知识,有助于理解电磁兼容标准要求,开展电磁兼容试验。

第2章　医疗设备电磁兼容测试标准

2.1　国际电磁兼容标准化组织

电磁兼容在国际上受到普遍关注,世界上有许多国际组织、机构从事电磁兼容标准化工作,如:国际电工委员会(IEC)、国际电信联盟(International Telecommunication Union,ITU)、欧洲广播联盟(European Broadcasting Union,EBU)、国际大电网会议(International Council on Large Electric systems,CIGRE)、国际发供电联盟(International Union of Producers and Distributors of Electrical Energy,UNIPEDE)、国际电报电话咨询委员会(Consultative Committee on International Telegraph and Telephone,CCITT)、国际无线电咨询委员会(International Radio Consultative Committee,CCIR)、欧洲标准化委员会、美国电气电子工程师学会(Institute of Electrical and Electronics Engineers,IEEE)等。其中涉及医疗的电磁兼容标准主要来自IEC。

IEC成立于1906年,至今已有上百年历史,它是世界上成立最早的国际性电工标准化机构,负责有关电气工程和电子工程领域中的国际标准化工作。IEC的总部最初位于伦敦,1948年搬到位于日内瓦的现总部处。IEC宗旨是促进电工、电子和相关技术领域有关电工标准化等问题上(如标准的合格评定)的国际合作。IEC的目标是:有效满足全球市场的需求;保证在全球范围内优先并最大程度地使用其标准和合格评定计划;评定并提高其标准所涉及的产品质量和服务质量;为共同使用复杂系统创造条件;提高工业化进程的有效性;提高人类健康和安全;保护环境。目前IEC的工作领域已经扩展到电子、电力、微电子及其应用、通信、视听、机器人、信息技术、新型医疗设备和核仪表等电工技术的各个方面。IEC下设112个技术委员会(Technical Committee,TC)及其分技术委员会(Subcommittee,SC),其中从事电磁兼容的主要为国际无线电干扰特别委员会(CISPR),第77技术委员会(Technical Committee 77,TC 77)以及其他相关的技术委员会等。

国际无线电干扰特别委员会（IEC/CISPR），法文全名为 Comité International Special des Perturbations Radioelectriques，于 1934 年 6 月在法国巴黎成立，称它为特别委员会是因为上述国际组织都是它的团体委员，并与 ITU 和 ICAO (International Civil Aviation Organization，国际民航组织)等有密切联系；CISPR 以前设有 7 个分会：CISPR/A～CISPR/G，分会下面再设工作组（Transaction Group，TG）。2001 年，CIPSR 对分会进行了整合，目前设 6 个分会，如图 2-1 所示。各 CISPR 分会的主要任务分工如表 2-1 所示。

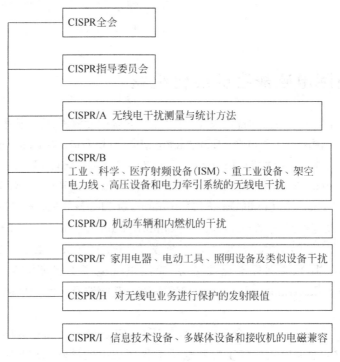

图 2-1　CISPR 组织架构图

表 2-1　各 CISPR 分会主要工作

代号	名　称	主　要　任　务
A 分会	无线电干扰测量与统计方法	制定有关测量场地、仪器、辅助设备及通用的测量方法的标准，研究骚扰测量结果的统计方法及不确定度等
B 分会	工业、科学、医疗射频设备(ISM)、重工业设备、架空电力线、高压设备和电力牵引系统的无线电干扰	制定工业、科学、医疗射频设备(ISM)、重工业设备、架空电力线、高压设备和电力牵引系统的电磁骚扰测量方法和限值
D 分会	机动车辆和内燃机的干扰	制定机动车辆点火系统、电气系统及装有内燃机的其他设备的电磁骚扰测量方法和限值

续表

代号	名　称	主　要　任　务
F分会	家用电器、电动工具、照明设备及类似设备干扰	制定家用电器、电动工具及类似器具的测量要求,包括发射和抗扰度; 制定电气照明和类似设备的电磁骚扰的测量方法和限值
H分会	对无线电业务进行保护的发射限值	制定通用发射标准
I分会	信息技术设备、多媒体设备和接收机的电磁兼容	维护声音和广播电视接收机、信息技术设备的发射和抗扰度标准; 制定多媒体设备的发射和抗扰度标准

CISPR 目前出版的主要标准如下:

CISPR 10　组织、章程

CISPR 11　工、科、医、无线电骚扰

CISPR 12　火花点火发动机无线电骚扰

CISPR 14-1　电磁兼容性　家用电器、电动工具和类似装置的要求　第 1 部分:发射

CISPR 14-2　电磁兼容性　家用电器、电动工具和类似装置的要求　第 2 部分:抗扰度

CISPR 15　电气照明和类似设备的无线电骚扰特性的限值和测量方法

CISPR 16-1-1　无线电干扰和抗扰度测量设备　测量设备

CISPR 16-1-2　无线电骚扰与抗扰度测量设备　辅助设备　传导骚扰

CISPR 16-1-3　无线电骚扰与抗扰度测量设备　辅助设备　骚扰功率

CISPR 16-1-4　无线电骚扰与抗扰度测量设备　辅助设备　辐射骚扰测量用天线和试验场地

CISPR 16-1-5　无线电骚扰与抗扰度测量设备　30～1000MHz 天线校准用场地

CISPR 16-2-1　无线电骚扰与抗扰度测量方法　传导骚扰测量

CISPR 16-2-2　无线电骚扰与抗扰度测量方法　骚扰功率测量

CISPR 16-2-3　无线电骚扰与抗扰度测量方法　辐射骚扰测量

CISPR 16-2-4　无线电骚扰与抗扰度测量方法　抗扰度测量

CISPR 16-2-5　辐射骚扰测量用天线和试验场地

CISPR 16-3　无线电骚扰和抗扰度测量技术报告

CISPR 16-4-1　不确定度、统计学和限值建模　标准化 EMC 试验的不确定度

CISPR 16-4-2　不确定度、统计学和限值建模　测量设备和设施的不确定度

CISPR 16-4-3　不确定度、统计学和限值建模　确定批量产品的 EMC 符合性的统计考虑

CISPR 16-4-4　不确定度、统计学和限值建模　抱怨的统计和限值计算的模型

CISPR 17　无源滤波器与抑制元件特性测量

CISPR 18　高压设备与电力线无线电骚扰

CISPR 19　采用替代法测量微波炉（＞1GHz）

CISPR 20　收音机/电视机抗扰度

CISPR 21　脉冲噪声对移动通信的影响

CISPR 23　工、科、医设备骚扰限值的确定

CISPR 25　用于保护车载接收机的限值和测量方法

CISPR 30　单端和双端荧光灯用电子镇流器的电磁辐射测试方法

CISPR 32　多媒体设备的电磁兼容性　发射要求

CISPR 35　多媒体设备的电磁兼容性　抗扰度的要求

另一个是 1973 年 6 月成立的"电磁兼容技术委员会（IEC/TC 77）"，其业务与 CISPR 有分工，也有交叉。电磁兼容技术委员会（IEC/TC 77）下属有 3 个分会：SC 77A 为低频现象分会；SC 77B 为高频现象分会；SC 77C 为大功率暂态现象分会。主要涉及范围如下。

（1）（SC 77A）：低频范围内（≤9kHz）的电磁发射，包括基础标准、通用标准及产品标准，如谐波电压和电压波动标准。

（2）（SC 77B）：在高频范围内（＞9kHz）的电磁发射，例如：电快速脉冲群和浪涌等抗扰度标准要求。

（3）（SC 77C）：负责大功率暂态现象专业技术领域标准的制定、修订、审查、宣贯、解释和技术咨询等工作。

（4）应产品委员会的要求，也可以起草产品抗扰度标准。

IEC 出版的电磁兼容标准主要包括在 TC 77 的 IEC 61000-X-n 系列中，X 分为 9 个部分：

第一部分：总论

第二部分：环境

第三部分：限值

第四部分：试验与测量技术

第五部分：安装与抑制导则

第六部分：通用标准

……

第九部分：其他

例如：IEC 61000-4-2 为 IEC 61000 系列标准的第四部分，是关于静电放电抗扰度试验与测量技术的标准。

2.2　我国电磁兼容标准化组织

中国国家标准化管理委员会(Standardization Administration of the People's Republic of China,SAC)是统一管理全国标准化工作的主管机构。我国电磁兼容标准化工作的组织机构如图 2-2 所示。

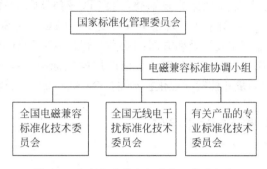

图 2-2　我国电磁兼容标准化工作的组织

我国为了开展在无线电干扰方面的标准化工作,1986 年 8 月在原国家技术监督局的领导下,成立了全国无线电干扰标准化技术委员会。该委员会以前下设 8 个分会,从 2003 年开始调整成 6 个分会,开展与 IEC/CISPR 相对应的工作。全国无线电干扰标准化技术委员会均与 CISPR 各分会相对应(包括工作范围),只有 H 分会除与 CISPR/H 的工作范围相对应外,还研究我国无线电系统与非无线电系统之间的干扰。各分会秘书处的挂靠单位见表 2-2。

表 2-2　全国无线电干扰标准化技术委员会及其各分会的秘书处挂靠单位

代号	名　　称	秘书处挂靠单位
总会	全国无线电干扰标准化技术委员会	上海电器科学研究所(集团)有限公司
A 分会	无线电干扰测量与统计方法	信息产业部电子标准化研究院(北京)
B 分会	工业、科学、医疗射频设备(ISM)、重工业设备、架空电力线、高压设备和电力牵引系统的无线电干扰	上海电器科学研究所(集团)有限公司
D 分会	机动车辆和内燃机的干扰	中国汽车技术研究中心(天津)
F 分会	家用电器、电动工具、照明设备及类似设备干扰	广州电器科学研究院
H 分会	对无线电业务进行保护的发射限值	国家无线电监测中心(北京)
I 分会	信息技术设备、多媒体设备和接收机的电磁兼容	信息产业部电子标准化研究院(北京)

我国于 2000 年 7 月成立了全国电磁兼容标准化技术委员会(SAC/TC 246),由国家标准化委员会直接领导,秘书处设在中国电力科学研究院有限公司。全国电磁兼容标准化技术委员会是跨行业的全国性电磁兼容标准化工作机构,其工作范围是制定对应低频发射、抗扰度、试验和测量技术、减缓措施、通用标准等 IEC 61000 系列国际标准以及其他相关电磁兼容标准,归口管理国际电工委员会 IEC/TC 77 国内对口标准化工作。目前,全国电磁兼容标准化技术委员会已成立 3 个分技术委员会,分别是低频现象分技术委员会(TC 246/SC2)、高频现象分技术委员会(TC 246/SC1)和大功率暂态现象分技术委员会(TC 246/SC3)。

医疗设备电磁兼容主要涉及两方面:医用电气设备(YY 0505)与测量、控制及实验室用的电设备(GB/T 18268),分别由全国医用电气标准化技术委员会(SAC/TC 10)和全国工业过程测量和控制标准化技术委员会(SAC/TC 124)负责标准化工作。

2.3　电磁兼容标准分类

1. 基础标准

基础标准是其他电磁兼容标准的基础,一般不涉及具体的产品。它规定了现象、环境特征、试验和测量方法、试验仪器和基本试验装置,也包含不同的试验等级的试验电平。包括 GB/T 4365 术语、GB/T(Z) 6113、GB/T 17626 抗扰度系列(除 GB/T 17626.7 以外)的全部标准。如:GB/T 17626.2 静电放电抗扰度试验、GB/T 17626.3 射频电磁场辐射抗扰度等。

2. 通用标准

通用标准规定了一系列的标准化试验方法与要求(限值),并给出了这些方法要求适用于什么环境。即通用标准是对使用在给定环境中所有产品的最低要求。如果某种产品没有产品类标准或产品标准,也可以使用通用标准。通用标准将环境分为两类:

A 类(工业环境):例如,有工、科、医射频设备的环境,频繁切断大感性负载或大容性负载的环境,大电流并伴有强磁场环境等。

B 类(居民区、商业区及轻工业环境):例如,居民楼群、商业零售点、社区诊所、公共娱乐场所等。

例如:IEC 61000-6 系列(GB(/T) 17799 系列)标准。

3. 产品类标准

产品类标准针对某类产品规定了电磁兼容的特殊要求(发射或抗扰度)以及详细的测量程序。产品类标准不需要像基础标准那样规定一般的测试方法。产品类标准比通用标准包含更多的特殊性和详细的性能规范。其测试与限值必须与通用标准协调,如存在偏离,应说明其必要性与合理性,并可增加测试项目和测试电平。例如:GB 4824 和 YY 0505 标准。

4. 产品(专用)标准

专用产品电磁兼容的特殊要求通常包含在该产品的一般用途标准之中,而不形成单独的电磁兼容标准。例如:GB 9706.26 第 36 章对脑电图机的电磁兼容测试规定了特殊要求。电磁兼容标准框架及标准之间的关系如图 2-3 和图 2-4 所示。

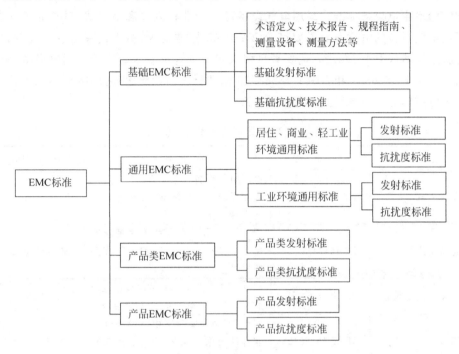

图 2-3 EMC 标准框架

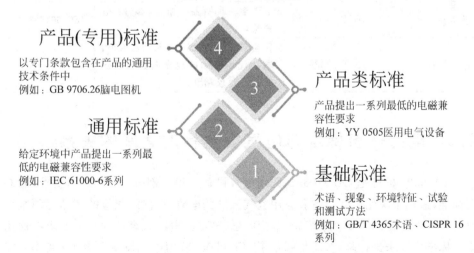

图 2-4 电磁兼容标准关系

2.4 医疗设备电磁兼容标准介绍

医疗设备相关电磁兼容标准见表 2-3。常见的两类主要是医用电气设备标准和实验室用电设备标准。医用电气设备可分为非植入式和植入式,对于非植入式医用电气设备的电磁兼容需要满足 YY 0505 标准要求,植入式医用电气设备,如心脏起搏器(GB 16174.2),需要满足植入式相关标准要求。实验室用电设备需要满足 GB/T 18268.1 和 GB/T 18268.26 标准要求。除此之外,助听器和电动轮椅的电磁兼容分别需要满足相应国家标准。

表 2-3 医疗设备相关标准

范 围	标 准 号	标 准 名 称	对应国际标准
非植入式	YY 0505	医用电气设备 第 1-2 部分:安全通用要求 并列标准:电磁兼容要求和试验	IEC 60601-1-2
有源植入式	GB 16174.1	手术植入物 有源植入式医疗器械第 1 部分:安全、标记和制造商所提供信息的通用要求	ISO 14708.1
实验室用电设备	GB/T 18268.1	测量、控制和实验室用的电设备电磁兼容性要求 第 1 部分:通用要求	IEC 61326-1
IVD	GB/T 18268.26	测量、控制和实验室用电设备电磁兼容性要求 第 26 部分:特殊要求体外诊断(IVD)医疗设备	IEC 61326-2-6
助听器	GB/T 25102.13	电声学 助听器 第 13 部分:电磁兼容(EMC)	IEC 60118-13
电动轮椅	GB/T 18029.21	轮椅车 第 21 部分:电动轮椅车、电动代步车和电池充电器的电磁兼容性要求和测试方法	ISO 7176-21

2.5 电磁兼容标准与电气安全标准之间的关系

YY 0505 标准是 GB 9706.1《医用电气设备 第 1 部分:安全通用要求》的并列标准,适用于医用电气设备和医用电气系统的电磁兼容性,相应的产品必须全面执行该标准。GB 9706.1 中第 36 章为电磁兼容性,电磁兼容性的具体要求在通用安全标准中并未进行陈述,而是制定了 YY 0505《医用电气设备 第 1-2 部分:安全通用要求 并列标准:电磁兼容 要求和试验》,对所有的医用电气设备的电磁兼容性进行要求,作为 GB 9706.1 的并列标准独立存在。医用设备电气安全标准与电磁兼容标准的对应关系详见表 2-4。

表 2-4 医疗设备电气安全标准与电磁兼容标准

电气安全标准	电磁兼容标准
GB 9706.1 《医用电气设备 第 1 部分:安全通用要求》 IEC 60601-1	YY 0505 《医用电气设备 第 1-2 部分:安全通用要求 并列标准:电磁兼容 要求和试验》 IEC 60601-1-2
GB 4793.1 《测量、控制和实验室用电气设备的安全要求 第 1 部分:通用要求》 IEC 61010-1	GB/T 18268.1 《测量、控制和实验室用的电设备 电磁兼容性要求 第 1 部分:通用要求》 IEC 61326-1
YY 0648《测量、控制和实验室用电气设备的安全要求 第 2-101 部分体外诊断(IVD)医用设备的专用要求》 IEC 61010-2-101	GB/T 18268.26 《测量、控制和实验室用的电设备 电磁兼容性要求 第 26 部分:特殊要求 体外诊断(IVD)医疗设备》 IEC 61326-2-6

2.6 医疗设备产品标准中的电磁兼容要求

由于产品的特殊性,在产品的安全专用要求标准中规定了 EMC 的特殊要求。

医用电气设备安全专用要求标准为医用电气设备系列标准的第 2 部分,有对应的 IEC 安全专用标准(如 IEC 60601-2-X),安全专用标准中的章、条款的编号与 YY 0505 的编号相对应。在国内,大部分的 IEC 安全专用标准已经被同等采用并转化为相应的国家标准或行业标准,安全专用标准中第 36 章为 EMC 的特殊要求(详见附录 A)。

并列标准 YY 0505 和专用标准合并使用,并列标准适用于所有应用设备,专用标准适用于特殊设备。GB 9706.1 中 1.5 条款规定对专用标准的适用说明,若某一并列标准适用于某一专用标准时,则专用标准优先于此并列标准。专用标准中没有提及的条文,并列标准的这些条文无修改地适用;专用标准中写明"适用"的部分,表示 YY 0505 中的相应条文适用;专用标准中写明"替代"或"修改"的部分,以专用标准中的条文为准;专用标准中写明"增加"的部分,表示除了要符合 YY 0505 的相应条文要求外,还必须符合专用标准中增加的条文要求。因此,专用标准可以:

(1) 不加修改地采用 YY 0505 标准中的条款;

(2) 删除 YY 0505 标准中的某些条款(当不适用时);

（3）以专用标准的某条款代替 YY 0505 标准的相应条款；

（4）增加任何补充的条款。

也可以包括：

（1）增加产品属性的说明，定义产品分类；

（2）提高或降低 YY 0505 中的测试等级；

（3）增加产品的测试符合性判据。

同样，GB/T 18268.26《测量、控制和实验室用的电设备　电磁兼容性要求第 26 部分：特殊要求　体外诊断（IVD）医疗设备》为 GB/T 18268.1《测量、控制和实验室用的电设备　电磁兼容性要求　第 1 部分：通用要求》的专标，在 GB/T 18268.1 条款基础上，规定了体外诊断（IVD）医疗设备的特殊要求。

2.7　本章小结

本章主要介绍了国际和国内电磁兼容标准化组织的情况，包括各委员会的组成和相关标准，重点介绍了医疗设备电磁兼容标准所对应的标准化组织情况、标准分类、医疗设备电磁兼容标准明细和医疗设备产品（专用）标准中的电磁兼容要求。由于医疗设备检验涉及的标准众多，本书涉及的主要医疗设备电磁兼容标准都在参考文献中列出，读者需要了解医疗设备电磁兼容各组织情况和各标准之间的关系，熟练掌握标准中的相关知识，以便开展医疗设备电磁兼容测试。

第 3 章

医用电气设备电磁兼容测试

3.1 医用电气设备电磁兼容测试概述

3.1.1 测试项目及标准

医用电气设备的电磁兼容测试内容包括发射和抗扰度两部分。发射试验是评价医用电气设备对周围环境的电磁骚扰水平,测试项目包括传导发射、辐射发射、谐波电流、电压波动和闪烁。抗扰度试验是评价设备在使用过程中抵抗外界电磁骚扰的能力,测试项目主要包括静电放电、射频电磁场辐射、电快速瞬变脉冲群、浪涌、射频场感应的传导骚扰、电压暂降、短时中断和电压变化、工频磁场。对于可能与高频手术设备同时使用的医用电气设备,使用过程中可能会受到来自高频手术设备的干扰,往往在其产品(专用)标准规定了电外科干扰试验的要求,具体试验项目及相应标准详见表 3-1。

表 3-1 医用电气设备电磁兼容试验一览表

医用电气设备电磁兼容测试项目	试 验 名 称		标 准
发射试验	无线电业务的保护	辐射发射	GB 4824(适用于工科医设备) GB/T 9254(适用于信息技术设备)
		传导发射	GB 4343.1(适用简单电器设备) GB/T 17743(适用照明设备)
	公共电网的保护	谐波电流	GB 17625.1
		电压波动和闪烁	GB 17625.2

续表

医用电气设备电磁兼容测试项目	试 验 名 称	标 准
抗扰度试验	静电放电(ESD)	GB/T 17626.2
	射频电磁场辐射	GB/T 17626.3
	电快速瞬变脉冲群	GB/T 17626.4
	浪涌	GB/T 17626.5
	射频场感应的传导骚扰	GB/T 17626.6
	电压暂降、短时中断和电压变化	GB/T 17626.11
	工频磁场	GB/T 17626.8
	电外科干扰试验	见本章 3.13 节

对于传导发射和辐射发射测试项目,除以下(1)~(3)规定的设备和系统外,其他医用电气设备按照 GB 4824 中制造商规定的预期用途分成 1 组或 2 组和 A 类或 B 类。

(1) 对于只包括像电动机和开关一类简单电气器件,以及不使用任何产生或使用 9kHz 以上频率的电子电路(如一些牙钻机、呼吸机和手术台)的医用电气设备,可依据 GB 4343.1 来分类。然而,依据 GB 4343.1 分类仅限于单机设备,不适用于系统或子系统。

(2) 与医用电气设备连接使用的信息技术设备(ITE)可按 GB/T 9254 分类的要求进行测试。但受下列限制: GB/T 9254 的 B 类设备可与 GB 4824 的 A 类或 B 类系统一起使用,但是 GB/T 9254 的 A 类设备仅可与 GB 4824 的 A 类系统一起使用。例如,符合 GB/T 9254 的 A 类骚扰限值而不满足 B 类骚扰限值的计算机,可以与用于医院的核磁共振、X 射线机等 A 类设备组合使用,不能与用于家庭的康复理疗等 B 类设备使用;符合 GB/T 9254 的 B 类骚扰限值的计算机,可以与所有医用电气设备组合使用。

(3) 用于医疗用途的照明设备(如 X 光片的照明设备、手术室的照明装置)可按 GB/T 17743 分类。

对于 B 类设备还需要进行谐波电流和电压波动测试以及闪烁测试,每相额定输入电流小于等于 16A 且预期与公共电网连接的设备和系统,应符合 GB 17625.1 和 GB 17625.2 的要求。如果设备或系统既有长期又有瞬时电流额定值,则应使用两个额定值中较高者来确定是否适用 GB 17625.1 和 GB 17625.2。

3.1.2　设备的分组与分类

设备分组与分类是指按照 GB 4824 标准要求根据设备不同的工作原理和使用

环境而进行的,主要与辐射发射和传导发射两项测试相关。

1. 设备的分组

从设备产生和使用射频能量的方式来分,可分为 1 组设备和 2 组设备:

- 1 组设备为 2 组设备以外的其他设备。
- 2 组设备包括以电磁辐射、感性和/或容性耦合形式,有意产生并使用或局部使用 9kHz~400GHz 频段内射频能量的,所有用于材料处理或检验/分析目的,或用于传输电磁能量的工科医射频设备。

大多数设备和系统属于 1 组,如心电图机、脑电图机、肌电图机、X 射线诊断设备、CT 机、超声诊断设备、超声治疗设备、医用加速器、输液泵。只有少数设备属于 2 组,如磁共振成像系统、短波、超短波、微波治疗设备、高频手术设备。

2. 设备的分类

从设备使用电磁环境来分,可分为 A 类设备和 B 类设备。

A 类设备为非家用和不直接连接到住宅低压供电网设施中使用的设备,A 类设备应满足 A 类限值的要求;B 类设备为家用和直接连接到住宅低压供电网设施中使用的设备,B 类设备应满足 B 类限值的要求。

设备的分类与其使用电磁环境有关,设备的类别由生产商根据设备或系统预期使用环境在随机文件中声称。A 类设备仅用于工业环境中,这些场所的电源连接是通过变压器或配电站与公共低压供电网隔离的。在用户随机文件中应提醒用户注意,由于设备的传导骚扰和辐射骚扰,在其他的环境中要确保电磁兼容可能有潜在困难。B 类设备使用范围更广泛,除了工业环境,还可用于家庭、诊所等住宅环境。另外,根据受试设备本身的大小、结构复杂程度和操作条件等因素,某些大型的 A 类设备可通过现场测量来判定它是否符合要求,B 类设备一般在试验场地进行测量。

3.1.3　试验概述

1. 发射测试

受试设备(Equipment Under Test,EUT)的工作状态根据 EUT 的典型应用以及预期产生最大的发射电平来确定。

EUT 应按设计要求在额定(标称)工作电压范围内和典型的负载条件(机械性能或电性能)下运行。只要可能,应使用实际负载;如果使用模拟负载,该模拟负载应能在射频特性和功能方面代表实际的负载。

EUT 的各个组成部分均应处于运行状态,以便能够测量到系统的所有骚扰。

由于系统配置的多样性,进行子系统测试是允许的。若能模拟正常运行条件,可对系统的每个子系统进行试验来验证其是否符合 GB 4824 的要求。

2. 抗扰度试验

在抗扰度试验期间,设备或系统每项与基本性能有关的功能均应以对患者后果最不利的方式进行试验,使用的设备装置、电缆布局和典型配置中的全部附件应与正常使用时一致。如果设备或系统在连续负载下未达到额定状态,运行模式可选用在合适的试验持续时间内得到可靠运行的运行模式来代替。

可变增益(适用时)应在正常运行所允许的最高增益设置下进行抗扰度试验。带增益的设备(如:带输入放大器的监视患者设备)应设为最大值(用户可调设备),因为该模式下的信噪比将比低增益设置下试验的信噪比明显地差,从而避免在低增益设置下试验可能会导致对符合性的错误判定。

对于没有手动灵敏度调节(非可调增益或自动增益控制)的设备或系统,假定该设备或系统在使用过程中操作者不总是在监视患者信号和确认设备或系统按随机文件运行。然而,假定操作者能看到不适当的信号强度指示。对于这种情况,可适当试验带有模拟患者生理信号输入的设备或系统,将该模拟患者生理信号设置到与制造商规定的正常运行相一致的最低幅值或最低值,或者设置到设备或系统按预期运行的最小幅度或值。

对于有手动灵敏度调节的设备或系统,假定在使用的过程中有操作者在监视患者信号和确保设备按说明书运行,设备或系统应按制造商的灵敏度调节指南设定患者生理信号最大灵敏度设置时进行试验。

如果患者生理信号的准确量度与确保设备基本性能是相关的,则测试过程中该模拟患者生理信号设置到与制造商规定的正常运行相一致的最低幅度或最小值,或者设置到设备或系统按预期运行的最小幅度或最小值。

对于预期用于控制、监视或测量生理参数的设备,在进行辐射抗扰度和传导抗扰度试验时,应在调制频率为 2Hz 的试验信号下进行试验,设备的生理模拟频率和工作频率要大于 3Hz 或小于 1Hz。生理模拟频率和运行频率被要求与调制频率分离,以使干扰更容易识别。

正常情况下无法观察到功能的试验,当与基本性能有关的功能无法被观察或验证,应提供一种方法(如内部参数显示)确定其符合性,这可能需要使用专用的软件或硬件。例如,血液透析设备中的气泡探测报警。因为从气泡探测器检测到的值没有被正常显示,所以有必要增加一种显示,例如黏度或声阻抗显示,以判断该参数是否会受抗扰度试验电平的影响,而阻碍启动气泡的报警。对于某些需靠人工操作才能持续工作的设备,如血压计、电动病床、牙科椅等,在进行辐射抗扰度试验时,应通过安装连续自动测量软件使其连续工作,或通过一个专门定制的机械工装操作其控制面板。

当系统包含多个子系统时,分系统可独立进行测试,测试条件应能准确代表各分系统正常运行时的情况。这将有利于大型的、较复杂的系统的测试,因为试验设施较难对整个系统进行测试。

作为系统的一部分提供的非医用电气设备,只有满足以下两个条件,才能免于本标准抗扰度试验:非医用电气设备符合适用的国家或国际抗扰度标准;证实系统中使用的非医用电气设备的发射和抗扰度不会对系统的基本性能和安全产生不利的影响。非医用电气设备的标准与 YY 0505 对抗扰度有不同要求,当非医用电气设备在 YY 0505 抗扰度试验中出现性能降低,可能影响系统或患者的安全时,则不能与医疗设备配合使用。

3.1.4　抗扰度试验符合性判据

医用电气设备在进行抗扰度试验时,应能提供基本性能并保持安全,不允许出现下列与基本性能和安全有关的性能降低:

- 器件故障;
- 工厂默认值的复位(制造商的预置值);
- 运行模式的改变;
- 虚假报警;
- 任何预期运行的终止或中断,即使伴有报警;
- 任何非预期运行的产生,包括非预期或非受控的动作,即使伴有报警;
- 显示数值的误差大到足以影响诊断或治疗;
- 波形上的噪声,难以从生理产生的信号中区分,或者这些噪声会影响到对生理产生的信号的判断;
- 图像上的伪影或失真,此伪影难以从生理产生的信号中区分或失真会影响到对生理产生的信号的判断;
- 自动诊断或治疗设备和系统在进行诊断或治疗时失效,即使伴随着报警。

对于某些产品,其产品标准对电磁兼容提出了特殊要求,那么试验时其试验电平和性能判据应优先满足产品标准的要求。例如,YY 0784 对医用脉搏血氧仪设备的抗扰度符合性准则进行修改,该类设备在进行静电放电、电快速瞬变脉冲群、浪涌和电压暂降、短时中断和电压变化试验时,允许血氧信号出现中断,但设备应在 30s 内从任何中断中恢复。YY 0649 则对电位治疗设备的电压跌落试验进行了补充,试验期间及试验结束后能够维持安全,未发生元器件的损坏并且在试验结束后能够自动恢复到试验前的状态,则允许电位治疗设备输出电压的有效值偏离标准中规定的误差要求。

对于多功能的设备和系统,以上准则适用于每种功能、参数和通道。在抗扰度测试中,设备可以出现不影响基本性能和安全的性能降低。例如,超声诊断设备在进行辐射抗扰度试验时,屏幕上出现了条纹状的图像,如图 3-1(a)所示,该干扰图像是可被识别的非生理性图像,不会对临床诊断产生影响,则可判定该超声设备符合该测试要求。但是,如果 EUT 在测试过程中干扰噪声影响了治疗结果的显示导致使用者难以从中得到正确的结果,则判定其不符合要求,如图 3-1(b)所示,某胎儿监护仪在抗扰度试验时,屏幕出现了乱码,不能正常显示诊断结果。值得注意的是,对于生理参数监护类的设备,其显示波形出现变化,但生理参数数值偏差不大于其技术要求中规定的范围时,则判定其符合要求。

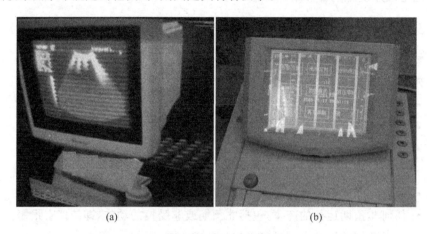

(a)   (b)

图 3-1　抗扰度试验现象实例

3.2　传导发射测量

3.2.1　试验目的

传导骚扰是指通过导体传播的骚扰,传导骚扰与辐射骚扰的界限并不是非常明显,除频率非常低的干扰信号外,许多骚扰信号的传播可以通过导体和空间混合传播。在某些场合,骚扰先以传导的形式,通过导体将能量转移,再向空中辐射。而在另一些场合,骚扰信号先在空间传播,在其传播的过程中遇到导体,就会在导体中感应出干扰信号,沿导线继续传播,形成传导骚扰。

传导发射测试系统主要测量 EUT 在正常工作状态下通过电源线、信号线对周围环境所产生的骚扰,测试频率范围主要为 9kHz～30MHz。

3.2.2　试验原理

传导发射测量一般在屏蔽室内进行,测量时需要在电源和 EUT 之间插入一个人工电源网络(Artificial Mains Network,AMN),其原理如图 3-2 所示。

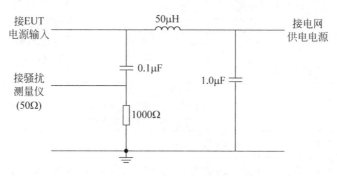

图 3-2　人工电源网络原理图

人工电源网络实际上是一个双向低通滤波器,可以通过人工电源网络给 EUT 供电,而电网中频率较高的骚扰信号被滤波器滤掉,不能进入骚扰测量仪。EUT 发射的骚扰由于滤波器的阻挡不能进入电网,而只能通过 0.1μF 的电容进入骚扰测量仪。所以,人工电源网络的第一个作用就是隔离电网和 EUT,使测得的骚扰电压仅是 EUT 发射的,不会有电网的骚扰混入,电网中的骚扰由 50μH 和 1.0μF 的滤波器滤掉。另一个作用是为测量提供一个稳定的阻抗,由于电网的阻抗是不确定的,阻抗不一样测量到的 EUT 的骚扰电压值也不相同,因此要规定一个统一的阻抗,通常为 50Ω。测量仪的输入阻抗是 50Ω,所以 EUT 骚扰的负载阻抗约等于 50Ω。图 3-2 中的 AMN 仅是一种基本结构,由基本结构可以组成 V 形 AMN,用于测量电源中 L-PE 和 N-PE 的不对称骚扰电压,即 V_a 和 V_b。也可以组成△形 AMN,用于测量共模电压 $(V_a+V_b)/2$ 和差模电压 V_a-V_b。AMN 外壳要良好接地,否则将影响电网和 EUT 之间的隔离。

3.2.3　试验限值

传导发射测量是 EUT 通过电源线或信号线向外发射的电磁骚扰,医疗设备传导发射测量频率范围为 150kHz～30MHz,传导发射限值根据设备的分组和分类不同,在 GB 4824 中有不同的规定,现分别介绍在试验场地测量时 1 组设备和 2 组设备的限值。

1. 1 组设备

1 组设备在 150kHz～30MHz 频段的电源端子骚扰电压限值见表 3-2。

表 3-2　1 组设备电源端子骚扰电压限值

频　段 MHz	A　类				B　类	
	额定输入功率≤20kVA		额定输入功率>20kVA①		准峰值 /dB(μV)	平均值 /dB(μV)
	准峰值 /dB(μV)	平均值 /dB(μV)	准峰值 /dB(μV)	平均值 /dB(μV)		
0.15~0.5	79	66	100	90	66~56 随频率的对数线性减小	56~46 随频率的对数线性减小
0.50~5	73	60	86	76	56	46
5~30	73	60	90~73 随频率对数线性减小	80~60 随频率对数线性减小	60	50

注：1. 在过渡频率上采用较严格的限值。

2. 该限值只适用于低压交流输入端口。

3. 对于单独连接到中性点不接地或经高阻抗接地的工业配电网(见 IEC 60364-1)的 A 类设备,可应用 GB 4824 表 6 中规定的额定输入功率大于 75kVA 的 2 组设备限值。

① 这些限值适用于额定输入功率大于 20kVA 并预期由专用电力变压器或发电机供电而不连接到低压架空电线的设备。对于不是由用户指定的电力变压器供电的设备,可采用小于或等于 20kVA 对应的限值。制造厂和/或供应商应提供能使设备发射降低的安装方法信息。应特别说明此类设备由专用电力变压器或发电机供电而非低压架空电线。

对于诊断用 X 射线发生装置,在其间歇工作模式下,准峰值限值可在表 3-2 限值的基础上放宽 20dB。

2. 2 组设备

2 组设备在 150kHz～30MHz 频段的电源端子骚扰电压限值见表 3-3。

表 3-3　2 组设备电源端子骚扰电压限值

频　段 MHz	A　类				B　类	
	额定输入功率≤75kVA		额定输入功率>75kVA①		准峰值 /dB(μV)	平均值 /dB(μV)
	准峰值 /dB(μV)	平均值 /dB(μV)	准峰值 /dB(μV)	平均值 /dB(μV)		
0.15~0.5	100	90	130	120	66~56 随频率的对数线性减小	56~46 随频率的对数线性减小
0.50~5	86	76	125	115	56	46
5~30	90~73 随频率对数线性减小	80~60 随频率对数线性减小	115	105	60	50

注：1. 在过渡频率上采用较严格的限值。

2. 该限值只是用于低压交流输入端口。

3. 对于单独连接到中性点不接地或经高阻抗接地工业配电网(见 IEC 60364-1),且额定输入功率小于或等于 75kVA 的 A 类设备,其限值可参考额定输入功率大于 75kVA 的 2 组设备限值。

① 制造厂和/或供应商应提供可使安装设备发射降低的安装方法的信息。

3.2.4　试验方法及布置

1. 试验方法

应在符合各种典型应用情况下测量受试设备,通过改变受试设备的试验状态来获得骚扰电平最大值。

如果受试系统由几个单元组成,且每个单元都具有自身电源线,AMN 的连接点按下列规则确定:

(1) 端接标准电源插头(符合 GB 1002)的每根电源电缆都应分别测量,如图 3-3(a)所示,电源线 1 和电源线 2 应分别测量。

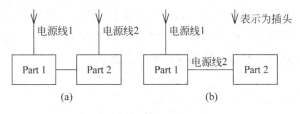

图 3-3　系统电源线示意图

(2) 需连接到系统中另一单元取得供电电源且制造厂未作规定的电源电缆或端子都应分别测量,如图 3-3(b)所示,Part2 的电源线 2 可以连接到 Part1 中取电,但是制造商未做明确规定只能在 Part1 取电,则应对电源线 1 和电源线 2 分别测量。

(3) 由制造厂规定须从系统中某一单元取得供电电源的电源电缆或端子都应接至该单元,而该单元的电源电缆或端子要接至 AMN,如图 3-3(b)所示,制造商规定 Part2 只能通过 Part1 取电,则试验时只需要对电源线 1 进行测量即可。

(4) 规定特殊连接的场合,在评价受试设备时应使用实现连接所必需的硬件。

当受试设备装有专门的接地端子时,应该用尽量短的导线接地。无接地端子时,设备应在正常连接方式下进行试验,即从电源上取得接地。

假如某一设备能分别执行若干个功能,则该设备在执行每一功能时,都应进行试验。对于由若干不同类型设备组成的系统,每类设备中至少有一个应包括在评价中。

在有多个同类型接口的地方,如果增加电缆数量并不会明显影响测量结果,则只要用一根电缆接到该类接口之一即可。

系统如包含若干个相同的设备,则只要评价其中一个设备。若最初评价符合要求,就不需要再作进一步的评价。

在评价与其他设备相连构成系统的设备时,可以用别的设备或模拟器来代表整个系统进行评价。对受试设备的这两种评价方法都应保证系统的其他部分或模拟器影响要满足 GB 4824 中对于环境噪声电平的规定。任何用以替代实际设备的模拟器应该能完全代表接口界面的电气和某些情况下的机械特性,特别是射频信号和射频阻抗,电缆布置及其型号。

为了安全目的需要接地时,接地线应接在 AMN 的参考接地点上。当制造厂没有另外提供或规定连接时,接地线长度应为 1m,并与受试设备电源线平行铺设,其间距不大于 0.1m。

对没有接地连接的手持式 EUT,要求使用模拟手,以模拟操作人员手部对测量的影响。模拟手金属箔的尺寸大小和放置位置应模拟正常使用时与手持握的相似面积和位置,模拟手的金属箔应连接到 RC 元件的 M 端,RC 元件的另一端应连接到接地平面。模拟手的 RC 单元如图 3-4 所示,对于不接地的超声理疗仪设备,超声手柄的模拟手应用如图 3-5 所示。对于 AMN 里安装 RC 单元的,则优先通过导线把模拟手的金属箔和 AMN 的 RC 元器件连接。

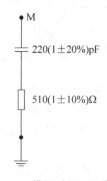

图 3-4　模拟手的 RC 单元

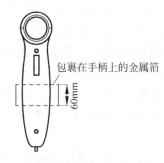

图 3-5　模拟手应用于超声理疗仪手柄

2. 试验布置

高频信号在传输的过程中,由于分布参数的存在,产品内部的导线之间、电路板与电路板之间,电路板与接地参考平面之间都存在耦合现象。分布电容和分布电感受导体之间距离的影响,因此在传导发射测试中,往往对设备、线缆的布置都有明确的规定,减少分布参数变化对试验结果可重复性的影响。

进行电源端子骚扰电压测量时,如果制造商提供的电源电缆长度长于1m,应在接近其中点处将它捆成0.3~0.4m长度的线束。

由制造厂规定或提供用作安全接地并连在同一端子上的其他(例如为EMC目的)接地线,也应接到AMN的参考接地点。

电源电缆和信号电缆相对于接地平面的走线情况应与实际使用情况等效,并应十分小心地布置电缆,以免造成假响应效应。

EUT所有其他单元的电源电缆应连到第二个人工电源网络,其搭接方式与被测单元与人工电源网络搭接的方式相同。只要没有超过人工电源网络的额定值,可以将多个电源电缆先连接到一个多插座电源板,再将该电源板的插头与人工电源网络相连,人工电源网络的接收机端口都应端接50Ω负载。

EUT的边界和人工电源网络最近的一个平面之间的距离为80cm。

人工电源网络放置在接地平板上,要用一个低射频阻抗连接条搭接到参考接地平面上。

1) 台式设备

台式设备应按下述规定进行布置,如图3-6所示。EUT的底部或背部应放置在离参考接地平面40cm的规定的距离上。该接地平面通常是屏蔽室的金属地板,也可以是一个至少为2m×2m的垂直金属接地平板。实际布置可按下述两种方法来实现:

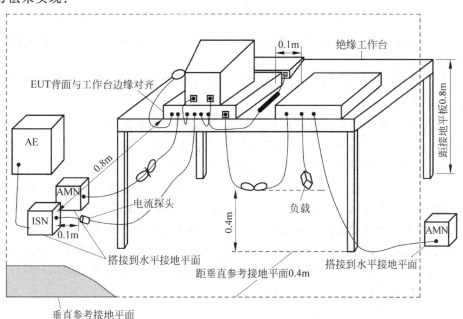

图3-6　台式设备的传导发射测量试验布置

（1）EUT 放在一个至少 80cm 高的绝缘材料的试验台上，离屏蔽室的接地参考平面为 40cm，如图 3-7(a) 所示。

（2）EUT 放在一个 40cm 高的绝缘材料的试验台上，EUT 的底部高出接地平面 40cm，如图 3-7(b) 所示。

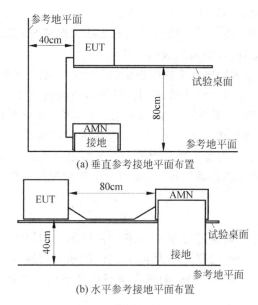

(a) 垂直参考接地平面布置

(b) 水平参考接地平面布置

图 3-7　台式设备的测量布置图

人工电源网络外壳的一个侧面距离垂直参考接地平面及其他的金属部件为 40cm。

一般情况下，设备所有单元的背面应与试验桌的后边沿齐平，各单元之间的间距为 0.1m。

单元间的电缆应从试验桌的后边垂落，如果下垂的电缆与水平接地平板的距离小于 0.4m，则应将电缆的超长部分在其中心来回折叠按 8 字形捆扎成不超过 0.4m 的线束，以使其在水平参考接地平板上方至少 0.4m。

对于包含外部电源单元(例如电源适配器)，如果外部电源单元的电源输入线缆长于 0.8m，则将该单元放在试验桌上，并且与宿主单元保持 0.1m 的间隔；如果外部电源单元的电源输入电缆短于 0.8m，则将该单元放置在接地平板上一定高度的某个位置，使得整个输入电缆在垂直方向上完全展开；如果外部电源单元内置电源插头，那么该电源放置在试验桌上，然后在该电源与供电电源之间用一根延长电缆将它们连接起来，延长电缆应尽可能短。

2) 落地式设备

落地式设备应按下述规定进行布置，如图 3-8 所示。落地式 EUT 应放置在接地平面上,与地面接触的各点除了与正常使用时相一致以外,不应与接地平面有金属性的接触。接地平面的边界至少超出 EUT 边界 50cm,面积至少为 2m×2m。

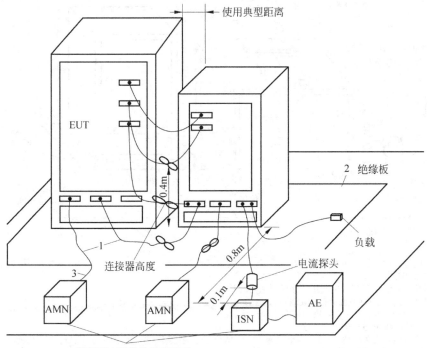

图 3-8　落地式设备的测量布置图

说明:
1——超长电缆应在其中心处捆扎或缩短到适当的长度。
2——EUT和电缆应与接地平面绝缘(最厚15mm)。
3——EUT连到一个AMN上,该AMN可以放在接地平面上或直接放在接地平面的下方,所有其他设备应由第2个AMN来供电。
电缆长度和距离允差尽可能接近实际应用。

EUT 各单元之间或 EUT 与辅助设备之间的电缆应垂落至水平参考接地平板,但与其保持绝缘。如果单元间的电缆长度不足以垂落至水平参考接地平板,但离该平板的距离又不足 0.4m,那么超长部分应在电缆中心捆扎成不超过 0.4m 的线束。该线束或者位于水平参考接地平板之上 0.4m,或者位于电缆入口或电缆连接点高度(如果该入口或连接点距离水平参考接地平板的距离小于 0.4m)。

3) 组合设备

组合设备中的台式设备和落地式设备分别参照上述台式设备和落地式设备的布置来进行,如图 3-9 所示。

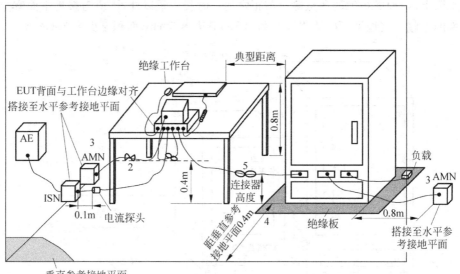

说明：
1——距接地平面不足40cm的互连电缆，应来回折叠成长度为30～40cm的线束，捆扎起来垂落至接地平面与桌面的中间。
2——超长的电源线应在其中捆扎或缩短至适当的长度。
3——EUT连到一个AMN上。该AMN也可以连接到垂直参考平面上。所有其他设备应由第2个AMN来供电。为了达到0.8m的距离，AMN可能会需要移至边缘。
4——EUT和电缆应与接地平面绝缘(厚度最大为15mm)。
5——连接落地式设备的I/O电缆垂落至接地平面，超长部分捆扎起来。未达到接地平面长度的电缆要垂落至连接器的高度，或离地面40cm，两者取低者。
电缆长度和距离允差尽可能接近实际应用。

图 3-9　组合式设备的测量布置

3.3　辐射发射测量

3.3.1　试验目的

随着电子产品的日益增多,电磁分布日益复杂,电磁污染越来越严重,直接影响到人们健康和其他电子设备的正常运转。电磁波频谱是一种有限的自然资源,国际电信联盟(ITU)针对各种不同用途规定了相应的可使用频率范围,在某一规定的频率上工作的设备或系统,不希望受到工作在其他频率上设备的电磁辐射干扰。随着通信、广播等无线事业的发展,人们逐渐认识到需要对各种电气设备的电磁辐射进行控制。辐射发射测试主要是测试电子、电气和机电产品及其部件所产生的辐射骚扰,试验主要判定其辐射是否符合标准的要求,以评价其在正常使用过程中对在同一环境中的其他设备或系统是否造成影响。

3.3.2　试验原理

1. 场地要求

辐射发射的测量是在开阔试验场地上进行的，该开阔试验场地具有空旷的水平地势特征，试验场地应避开建筑物、电力线、篱笆和树木等，并应远离地下电缆、管道等。为了得到一个开阔试验场地，在受试设备和测量天线之间需要一个无障碍区域，无障碍区域应远离那些具有较大电磁场散射体，并且这个区域应足够大，使得无障碍区域以外的散射不会对天线测量的场强产生影响。

由于来自物体散射场强的幅度大小与许多因素（如，物体的尺寸、受试设备的距离、受试设备所在的方位、物体的导电性和介电常数以及频率等）相关，所以，对所有设备规定一个必须且充分适宜的无障碍区域是不切实际的。一般推荐使用椭圆形的无障碍区域，被测设备与接收天线分别置于椭圆的两焦点上，长轴是两焦点距离的 2 倍，短轴是焦距的 $\sqrt{3}$ 倍，如图 3-10 所示。如要满足 10m 法试验要求，则场地的尺寸至少为 20m×18m。对于该椭圆形的无障碍区域来说，其周界上任何物体的反射波的路径均为两个焦点之间的距离的 2 倍。

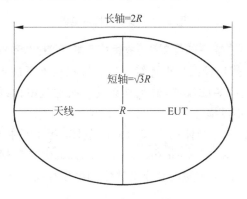

长轴=2R

短轴=√3R

天线——R——EUT

图 3-10　椭圆形测试场地

市区的电磁环境往往无法满足开阔场要求，开阔试验场地一般建设在远离市区的地方，使用不便，于是模拟开阔试验场地的电磁屏蔽半电波暗室成为应用更普遍的 EMC 测试场地。半电波暗室的五面贴吸波材料，模拟开阔试验场地，即电磁波传播是只有直射波和地面反射波。鉴于半电波暗室中的测试环境是要模拟开阔试验场电磁波的传播环境，因此暗室尺寸应以开阔试验场的要求为依据：测试距离 R 为 3m 或 10m 等，测试空间的长度为 $2R$，宽度应为 $\sqrt{3}R$，高度应考虑上半个椭圆的短轴高度 $\sqrt{3}R/2$ 加上发射源的高度，暗室的高度应考虑为 $\sqrt{3}R/2+2m$。

半电波暗室由装有吸波材料的屏蔽室组成。屏蔽室将外部环境的电磁波如电视信号、无线电广播、个人通信及人为环境噪声隔离，使暗室内部只有被测设备的电磁波。暗室墙面上的吸波材料吸收被测设备发射出来的电磁波,将入射的电磁能转化成热能,避免表面反射,使得天线接收到的只有直射波和地面反射波。目前广泛应用的吸波材料由铁氧体片和尖劈型含碳吸波材料组合而成。铁氧体主要吸收低频的电磁波。含碳吸波材料主要吸收高频电磁波,材料的吸波性能与电磁波的入射角度密切相关,垂直入射时,吸波性能最好;斜射时,性能降低。尖劈越长,吸收率越高。暗室的结构示意图见图3-11。

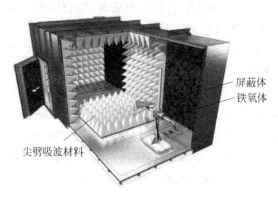

屏蔽体
铁氧体
尖劈吸波材料

图3-11　暗室结构示意图

暗室地板是电磁波唯一的反射面,地板应平整无凹凸,不能有超过最短波长的1/10缝隙出现,以保持地板的导电连续性。金属地板上不能再铺设木地板或塑料地板。暗室的电源需安装滤波器,避免外界的干扰通过电源线进入。电源线和接地线要靠墙脚布设,不可横穿室内。

电波暗室是一个金属壳体的大型六面屏蔽体,其性能主要由以下参数衡量:屏蔽效能、归一化场地衰减(Normalized Site Attenuation,NSA)、辐射抗扰度测试时的场均匀性、1GHz以上测量时全电波暗室的电压驻波比(Site Voltage Standing Wave Ratio,SVSWR)等。

1) 屏蔽效能

屏蔽是利用屏蔽体阻止或减少电磁能量传输的一种措施,为了使测试空间内的电磁场不泄露外部或外部电磁场不透入到测试空间,就需要把整个测试空间屏蔽起来,这种专门设计的能对射频电磁能量起衰减作用的封闭室称为屏蔽室。屏蔽室的屏蔽性能用屏蔽效能考量。其定义为:没有屏蔽体时空间某点的电场强度 E_0(或磁场强度 H_0)与有屏蔽体时被屏蔽空间在该点的电场强度 E_1(或磁场强度 H_1)之比。

在屏蔽效能 S 的计算和测试中,往往会遇到场强值相差非常悬殊的情况,为了便于表达和运算(变乘除为加减),常采用对数单位——分贝(dB)进行度量。

$$S_E = 20\lg\frac{E_0}{E_1} \tag{3-1}$$

$$S_H = 20\lg\frac{H_0}{H_1} \tag{3-2}$$

2) 归一化场地衰减(NSA)

NSA 是评价电波暗室性能的主要指标之一,它的结果直接决定了电波暗室的整体性能以及是否可用于辐射发射测试。信号从发射源传输到接收机时,由于场地影响所产生的损耗为 NSA,它反映了场地对电磁波传播的影响。根据 GB/T 6113.104 要求,NSA 测试值与理论值差异应小于±4dB,若误差在±4dB 以内,则认为其 NSA 指标合格,可以在暗室内进行辐射发射测量。

3) 场地电压驻波比(SVSWR)

用于 1GHz 以上的测量是在全电波暗室进行,地面需要铺设吸波材料形成自由空间,用 SVSWR 来验证测试场地,归一化场地衰减的测量方法不再适用于 1GHz 以上频率的场地测试。SVSWR 方法的目的是检查被测空间的周边条件,即由接收天线 3dB 波束宽度形成的切线 W 所提供的自由空间条件,VSWR 是由反射信号与直射信号路径引起的最大接收电压与最小接收电压之比。当 SVSWR≤6dB 时,则场地是符合要求的。

2. 试验原理解析

1GHz 以下的辐射发射测试,标准要求测试在开阔场地或半电波暗室内进行,模拟半自由空间,场地必须符合 NSA 的要求。受试设备放在一个具有规定高度并可以旋转 360°的转台上,接收天线的高度应该在 1～4m 之间变化,在 30m 测试距离时,天线高度在 2～6m 之间变化,以搜索最大的辐射场强。

1GHz 以下的辐射发射测量,EUT 的辐射电磁波到达接收天线有两条路径,如图 3-12 所示:一条是直射波 EA,另一条是通过地面的反射后到达接收天线的反射波 EB。天线接收到的总场强为直射波和反射波的矢量和。由于两条路径长度不同,电磁波到达天线所需时间不同,因此 EA 和 EB 有一定相位差 $\Delta\varphi$,总场强与 $\Delta\varphi$ 有关。如果 EA 和 EB 同相位,则两者相叠加,总场强最大;如果 EA 和 EB 反相位,则两者相减,总场强最小。$\Delta\varphi$ 与天线高度有关,当接收天线在 1～4m(如测量距离为 3m 或 10m)内扫描移动,接收到的场强也以驻波方式变化。驻波的波峰和波谷间的高度差约为 $\lambda/4$。对于 30～1000MHz 频率范围内的电磁波,对应的最大波长为 10m,那么 $\lambda/4$ 的高度差即为 2.5m。标准规定,天线的最低点离地面不应小于 0.2m,考虑对数周期天线本身的尺寸,天线的最低高度至少为 1m。因此,天线必须在 1～4m 高度内扫描才能保证在每一个频率点上获得最大骚扰电平。

天线的辐射最强的方向称为主射方向,辐射为零的方向称为零射方向。如

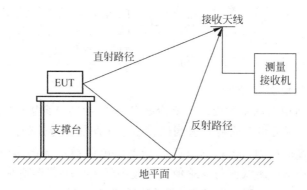

图 3-12 辐射电磁波的直射波和反射波

图 3-13 天线方向图所示,具有主射方向的方向叶称为主瓣,其余称为副瓣。由于天线具有方向性,进入主射方向的电磁波才可能最大限度地被接收。EUT 在不同方向上的电磁辐射强度各不相同,由于 EUT 电磁辐射的不均匀性及天线的方向性,因此 EUT 必须 360°旋转,使其最大发射方向的电磁辐射进入天线主射方向,从而接收到 EUT 的最大电磁辐射。

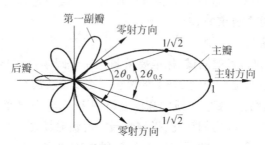

图 3-13 天线方向图

电磁波的传播示意图如图 3-14 所示。在辐射发射测试时,我们测试的极化方向是指电场矢量方向。对数周期天线的振子和电磁波极化方向一致时能最大限度地接收电场信号,由于电磁波的水平极化分量和垂直极化分量是不同的,因此测量时应把天线水平放置测水平极化分量,垂直放置测垂直极化分量。

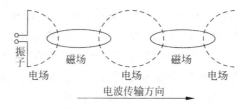

图 3-14 电磁波的传播

3.3.3　试验限值

1. 1 组设备

对于 1 组设备,在 150kHz～30MHz 频段以及 1GHz 以上频段内无适用限值,仅需测量设备在 30MHz～1GHz 频段内的电磁辐射骚扰的电场分量。在试验场地测量时,1 组 A 类设备和 B 类设备在 30MHz～1GHz 频段内的电磁辐射骚扰限值的规定见表 3-4 和表 3-5,可以看出,在相同测试距离下,B 类设备比 A 类设备的限值低 10dB。

表 3-4　在试验场地测量时,1 组 A 类设备的电磁辐射骚扰限值

频段/MHz	10m 测量距离		3m 测量距离②	
	额定输入功率 ≤20kVA	额定输入功率 >20kVA	额定输入功率 ≤20kVA	额定输入功率 >20kVA①
	准峰值/dB(μV/m)	准峰值/dB(μV/m)	准峰值/dB(μV/m)	准峰值/dB(μV/m)
30～230	40	50	50	60
230～1000	47	50	57	60

注: 1. 在试验场地测试时,A 类设备可在 3m、10m 或 30m 距离下测量,小于 10m 的测试距离只适用于小型设备。

2. 如果测量距离为 30m,应使用 20dB/十倍距离的反比因子,将测量数据归一化到规定距离以确定符合性。

3. 在过渡频率上采用较严格的限值。

① 该限值适用于额定输入功率大于 20kVA 且与第三方无线电通信设施距离大于 30m 的设备。制造厂必须在技术文件中说明该设备将使用于距离第三方无线电通信设施大于 30m 的区域,如果无法满足上述条件,应按输入功率小于或等于 20kVA 的限值。

② 3m 距离所规定的限值只适用于小型设备。

表 3-5　在试验场地测量时,1 组 B 类设备的电磁辐射骚扰限值

频段/MHz	10m 测量距离	3m 测量距离①
	准峰值/dB(μV/m)	准峰值/dB(μV/m)
30～230	30	40
230～1000	37	47

注: 1. 在试验场地测试时,A 类设备可在 3m、10m 或 30m 距离下测量,小于 10m 的测试距离只适用于小型设备。

2. 在过渡频率上采用较严格的限值。

① 3m 距离所规定的限值只适用于小型设备。

在试验场地测量时,A 类设备可在 3m、10m 或 30m 距离下测量,如果测量距离为 30m,应使用 20dB/十倍距离的反比因子,将测量数据归一化到规定距离以确

定符合性,而 B 类设备可在 3m 或 10m 距离下测量。小于 10m 的测试距离只适用于小型设备,因此 3m 法限值只适用于小型设备。小型设备是指台式或落地式设备,其整体(包括电缆)在直径 1.2m、接地平板上 1.5m 高的圆柱形测试区域内。如图 3-15 所示,测试距离 L 为 EUT 的边界到天线参考点在接地平面的投影之间的距离。

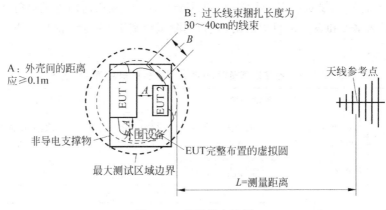

图 3-15　测试距离示例

2. 2 组设备

对于 2 组设备,需要测量 150kHz～30MHz 频段的电磁辐射骚扰的磁场分量以及 30MHz～1GHz 频段的电磁辐射骚扰的电场分量。在试验场地测量时,在 150kHz～1GHz 频段内,2 组 A 类设备和 2 组 B 类设备的电磁辐射骚扰限值见表 3-6 和表 3-7。另外,对于工作频率在 400MHz 以上的 2 组设备,还需进行 1～18GHz 频段的电磁辐射测试,具体的试验限值根据设备的不同,可参考 GB 4824—2013 中的表 14～表 16。

表 3-6　在试验场地测量时,2 组 A 类设备的电磁辐射骚扰限值

| 频段/MHz | 限 值 | | | | | |
| | 30m 测试距离 | | 10m 测试距离 | | 3m 测试距离[①] | |
	电场准峰值 dB/(µV/m)	磁场准峰值 dB/(µA/m)	电场准峰值 dB/(µV/m)	磁场准峰值 dB/(µA/m)	电场准峰值 dB/(µV/m)	磁场准峰值 dB/(µA/m)
0.15～0.490	—	33.5		57.5		82
0.49～1.705	—	23.5		47.5		72
1.705～2.194	—	28.5		52.5		77
2.194～3.95	—	23.5		43.5		68

续表

频段/MHz	限 值					
	30m测试距离		10m测试距离		3m测试距离①	
	电场准峰值 dB/(μV/m)	磁场准峰值 dB/(μA/m)	电场准峰值 dB/(μV/m)	磁场准峰值 dB/(μA/m)	电场准峰值 dB/(μV/m)	磁场准峰值 dB/(μA/m)
3.95~11	—	8.5	—	18.5	—	43.5~28.5 随频率对数 线性减小
11~20	—	8.5	—	18.5	—	28.5
20~30	—	−1.5	—	8.5	—	18.5
30~47	58	—	68	—	78	—
47~53.91	40	—	50	—	60	—
53.91~54.56	40	—	50	—	60	—
54.56~68	40	—	50	—	60	—
68~80.872	53	—	63	—	73	—
80.872~81.848	68	—	78	—	88	—
81.848~87	53	—	63	—	73	—
87~134.786	50	—	60	—	70	—
134.786~136.414	60	—	70	—	80	—
136.414~156	50	—	60	—	70	—
156~174	64	—	74	—	84	—
174~188.7	40	—	50	—	60	—
188.7~190.979	50	—	60	—	70	—
190.979~230	40	—	50	—	60	—
230~400	50	—	60	—	70	—
400~470	53	—	63	—	73	—
470~1000	50	—	60	—	70	—

注:1. 在试验场地测试时,A类设备可在3m、10m或30m距离下测量,小于10m的测试距离只适用于小型设备。

2. 在过渡频率上采用较严格的限值。

① 3m距离所规定的限值只适用于小型设备。

表 3-7　在试验场地测量时,2 组 B 类设备的电磁辐射骚扰限值

频段 MHz	限　值				
	电　场				磁　场
	10m 测试距离		3m 测试距离②		3m 测试距离
	准峰值 /dB(μV/m)	平均值① /dB(μV/m)	准峰值 /dB(μV/m)	平均值① /dB(μV/m)	准峰值 /dB(μA/m)
0.15~30	—	—	—	—	39~3 随频率 对数线性减小
30~80.872	30	25	40	35	—
80.872~81.848	50	45	60	55	—
81.848~134.786	30	25	40	35	—
134.786~136.414	50	45	60	55	—
136.414~230	30	25	40	35	—
230~1000	37	32	47	42	—

注:1. 在试验场地测试时,B 类设备可在 3m 或 10m 距离下测量,小于 10m 的测试距离只适用于小型设备。

2. 在过渡频率上采用较严格的限值。

① 平均值仅适用于磁控管驱动的设备。当磁控管驱动设备在某些频率超过准峰值限值时,应在这些频率点用平均值检波器进行重新测量,并采用本表中的平均值限值。

② 3m 距离所规定的限值只适用于小型设备。

3.3.4　试验方法及布置

1. 试验方法

1) 辐射测量(低于 30MHz 频段)

30MHz 以下,测量的是骚扰的磁场分量。在磁场测量中,当使用远场天线法时,只测量接收天线位置上场的水平分量。天线支承在一个垂直平面内,并能环绕垂直轴线旋转,环的最低点高出地面 1m,天线固定在该高度,应在天线的环面平行和垂直 EUT 边界的情况下分别测量。EUT 放在转台上 360°旋转,以便获得最大骚扰电平。

2) 辐射测量(30MHz~1GHz 频段)

天线和 EUT 之间的距离应符合标准 GB 4824 中的规定,若因为环境噪声电平或其他原因而不能在规定的距离上进行测量,可在更近的距离上测量。为确定合格与否,应采用每 10 倍距离按 20dB 的反比因子将测量数据归一化到规定的距离上。测量距离是 EUT 最近界面和天线的参考点在地面上的投影之间的距离。

通常不采用小于 3m 或大于 30m 的距离。

对于台式设备,应将 EUT 放置在一个台面大小适合的绝缘台上进行辐射发射测试,绝缘台应放在一个由绝缘材料制成的可以遥控的旋转平台上,旋转平台的台面通常高出接地平面不到 50cm,绝缘台和旋转平台的高度合起来高出接地平面80cm。如果旋转平台和接地平面一样高,则旋转平台的表面应该是导电的,而80cm 的高度是相对于旋转平台的台面来测量的。对于落地式设备,将 EUT 放置在地面上测试。测试时,EUT 应能 360°旋转,以便获得最大骚扰电平。

在 30MHz~1GHz 频率范围内,用对数周期天线测量 EUT 的电场分量。对于测量距离小于和等于 10m 时,天线在 1~4m 的范围内扫描,在 30m 测量距离时,天线在 2~6m 的范围内扫描。在 1GHz 以下频率范围内,用带有准峰值检波器的测量接收机进行测量,为了节省时间,可用峰值来进行初扫,以准峰值的测量结果为准。

3) 辐射测量(1GHz 以上频段)

试验在全自由空间进行,无地面反射。EUT 测量距离首选为 3m,在实际条件下可使用其他距离:当环境噪声很高或为了减少不希望有的反射时,可以缩短测量距离,但对于喇叭天线应确保测量距离大于或等于$\dfrac{D^2}{2\lambda}$,D 为测量天线的口径尺寸,λ 为最大测量波长;当 EUT 很大时,可以增大测量距离,以使天线波束覆盖 EUT。

EUT 放在一个高度适当的转台上进行 360°旋转。1GHz 以上使用线极化天线测量辐射发射,与 1GHz 以下的天线相比,这种天线的波束宽度(方向图主瓣)较小。当 EUT 很大,超过测量天线的波束宽度时,有必要在 EUT 各表面移动测量天线。应变化天线的高度,当确定了初步发射最大化时天线的高度时,应移动天线至观察到最大幅值的高度进行最终测量。应采用能分别测量辐射场水平和垂直分量的小口径定向天线进行测量。

在 1GHz 以上频率范围内,用带有峰值检波器的测量接收机进行测量,试验以峰值的测量结果为准。

2. 试验布置

应在符合各种典型应用情况下测量受试设备,通过改变受试设备的试验布置来获得最大骚扰电平。EUT 应按设计要求在额定(标称)工作电压范围内和典型的负载条件下运行。

接口电缆、负载和装置都应与 EUT 同种类型接口中的至少一个接口相连接,且每根电缆都应连上与实际使用相同的负载终端。如果存在同一类型的多个接口,则应连接有代表性数量的装置或负载。若通过预测试发现再多连负载不会显著增加骚扰电平(通常高出 2dB),则在多负载端口只连一个负载时,试验结果也是有效的。试验配置和负载端口的数量应在试验报告中说明。

附加电缆连接的数量应按如下条件限制,即当再增加连接另一根附加电缆时,不会显著减少相对于限值的裕量(如 2dB)。互连电缆应符合具体设备要求中所规定的型号长度。如果所规定的长度是可变的,则应选择会产生最大发射的长度。

电源线电缆下垂到参考接地平板,然后连接到电源插座上。

电缆的超长部分应在电缆的中心附近折叠后捆扎成 S 形,折叠长度为 0.3~0.4m。

对于通常带有多个模块的设备应按典型应用中的模块数目和组合情况进行试验。

假如某一设备分别执行若干个功能,则该设备执行每一功能时,都应进行试验。对于由若干不同类型设备组成的系统,每类设备中至少有一个包括在评价中。

如果 EUT 需要辅助设备才能正常工作,要特别注意辅助设备应不影响试验结果。试验期间,如果在暗室外有合适的连接接口,辅助设备可以放在电波暗室的外面,可能需要防止 RF 信号通过互连电缆泄漏进出电波暗室。用来抑制来自辅助设备的无用发射的其他手段或设备应放置在试验室外或高架地板下。

1) 台式设备布置

台式设备应放置在高度为 0.8m 的非金属的桌子上,桌面的大小通常为 1.5m×1.0m,实际尺寸取决于 EUT 的水平尺寸。

受试系统(包括 EUT 以及与 EUT 相连的外设、辅助设备或装置)所有单元之间的间隔距离为 0.1m(见图 3-16)。如果单元是上下重叠放置的,则应将它们重叠放置,其背面与布置的后面齐平。

理想情况下,所有单元的背面都应与试验桌的后边沿齐平。如果有更多的单元,则应使它们保持 0.1m 间距的前提下尽可能靠近。

EUT 外壳间的电缆应按如下方式处理:如果制造商说明书中要求电缆的长度小于或等于 3m,则采用指定长度电缆。电缆伸展 1m(±0.1m)并将多余部分捆扎成 S 形,捆扎长度约 30~40cm(见图 3-16)。

2) 落地式设备的布置

EUT 应按适用的产品标准要求放置在非导电支承面上。如果产品标准没有对 EUT 的放置高度作出规定,则 EUT 应放置在高出地面 5~15cm 的非导电支承面上。

EUT 各单元之间或 EUT 与辅助设备之间的单元电缆应垂落至水平参考接地

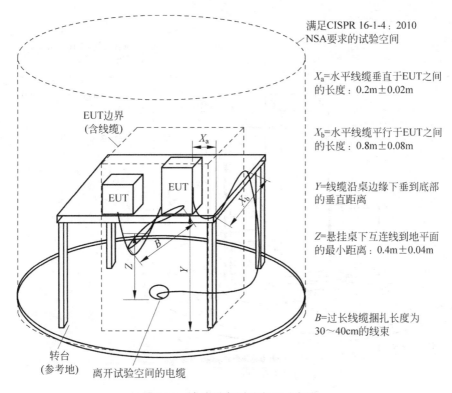

满足CISPR 16-1-4：2010
NSA要求的试验空间

X_a=水平线缆垂直于EUT之间
的长度：0.2m±0.02m

X_b=水平线缆平行于EUT之间
的长度：0.8m±0.08m

Y=线缆沿桌边缘下垂到底部
的垂直距离

Z=悬挂桌下互连线到地平面
的最小距离：0.4m±0.04m

B=过长线缆捆扎长度为
30~40cm的线束

EUT边界
（含线缆）

EUT

EUT

转台
（参考地）

离开试验空间的电缆

图3-16　台式设备测试布置示意图

平板，但与其保持绝缘。电缆的超长部分应在中心捆扎成不超过0.4m的8字形线束，也可按S形布线。

EUT离开均匀试验空间的电缆应按至少0.3m长度水平布置在试验空间内，然后根据典型正常使用（根据I/O端口的离地高度）方式垂直向下。整个外部水平电缆应沿着离地面最小高度10cm距离与接地面绝缘。

EUT外壳间的电缆应按如下方式处理：如果制造商说明书中要求电缆的长度小于或等于3m，则采用指定长度电缆。电缆伸展1m（±0.1m）并将多余部分捆扎成S形，捆扎长度约1m（见图3-17）。

对于带有垂直走线槽的设备，其电缆槽数量应与典型的实际应用相符。落地式设备的布置见图3-17。

3）台式和落地式组合设备的布置

组合设备的布置除了分别满足上述台式设备和落地设备的布置要求外，台式和落地式设备间的互连电缆也要满足上述要求，具体布置图见图3-16和图3-17。

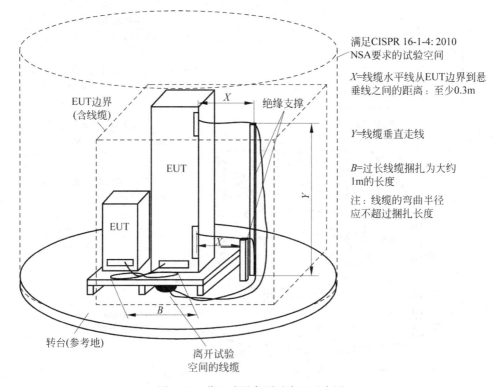

满足CISPR 16-1-4: 2010 NSA要求的试验空间

X=线缆水平线从EUT边界到悬垂线之间的距离：至少0.3m

Y=线缆垂直走线

B=过长线缆捆扎为大约1m的长度

注：线缆的弯曲半径应不超过捆扎长度

EUT边界（含线缆）

绝缘支撑

EUT

EUT

转台(参考地)

离开试验空间的线缆

图 3-17　落地式设备测试布置示意图

3.4　谐波电流测量

3.4.1　试验目的

电力系统中的谐波是指那些为供电系统额定频率整数倍的正弦电压或正弦电流，它是由非线性电压特性的设备或逆变负荷引起的。电网中的谐波实际上是一种骚扰，影响电网质量。谐波电流在电力网络的阻抗上产生谐波电压，以矢量相加，使电网正弦电压产生畸变。谐波对电网的危害包括功率损耗增加、接地保护功能失常、电网过热、中性线过载和电缆着火等。同时，电网中的谐波会导致电子设备性能降级、电子器件误动作、电容器损坏和寿命缩短等后果。通过测试设备的谐波电流，以评价其是否满足标准限值的要求，从而保护公共低压电网。

3.4.2　试验原理

供电网网络中的谐波电流，指的是频率为供电网络基波频率整数倍（倍数大于

1)的正弦波电流分量。单相设备的测量电路如图 3-18 所示,三相设备的测量原理和单相设备的类似。

图 3-18 中,S 为 EUT 的供电电源,要求为纯净源,频率稳定,幅度稳定,不会产生额外的谐波,这样才能保证测试到的谐波完全是由 EUT 产生的。EUT 产生的谐波电流由分流器 Z_m 取样,送入谐波分析仪进行测量。电流取样传感器要求灵敏度高,不会对供电条件产生过大的影响。取样的电流通过谐波分析仪进行分析,测量得到的谐波电流值和标准限值的要求进行比较。

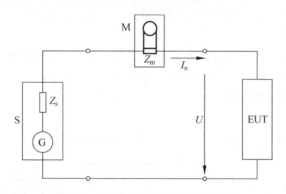

图 3-18　单相设备的谐波测量电路图

设备的非线性元器件是谐波电流的主要来源,产生的谐波电流,是通过共电源阻抗对电网中的其他设备产生干扰。如图 3-19 所示,设备 I 和设备 II 共用一个电源供电,电源电压为 E_a,电源阻抗为 Z_a,设备 I 的工作电流为 I_1,则设备 I 两端的实际电压 $U_{AB} = E_a - I_1 Z_a$ (这里暂不考虑器件 2 的电流),显然由于 Z_a 的存在,任何一个设备电流的变

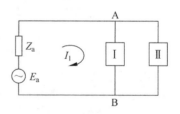

图 3-19　共电源阻抗干扰

化都会影响 U_{AB}。如果电源的阻抗 Z_a 为零,则 $U_{AB} = E_a$,设备 I 的工作电流变化不影响 U_{AB}。但实际上供电系统的阻抗 Z_a 不可能为零,噪声就会在 Z_a 上产生压降,在电源上叠加之后送到器件 2,从而干扰器件 2 的正常工作。同理,器件 2 产生的噪声也会通过供电系统的电阻干扰器件 1 的正常工作。

3.4.3　试验限值

谐波电流发射测量只适用于预期连接到 220V/380V,频率为 50Hz 供电系统电源输入端的设备。A 类设备由于使用在工业环境,一般情况下会有自己独立的配电系统,可免于该测试,对于每相额定输入电流小于等于 16A 的 B 类设备应符合 GB 17625.1 的要求,如果设备既有长期又有瞬时电流额定值,则应使用两个额定值中较高者来确定是否适用 GB 17625.1。对于每相额定输入电流大于 16A 的 B 类设备,可免去该试验的要求。

为了确定设备谐波电流的限值,被测设备分为如下四类:

(1) A 类设备:平衡的三相设备;家用电器,不包括列入 D 类的设备;工具,不包括便携式工具;白炽灯调光器;音频设备。

(2) B 类设备:便携式工具;不属于专用设备的电弧焊设备。

(3) C 类设备:照明设备。

(4) D 类设备:功率不大于 600W 的下列设备:个人计算机和个人计算机显示器;电视接收机。

未规定为 B、C、D 类的设备均视为 A 类设备,绝大多数医疗设备都属于 A 类设备。对于额定功率不大于 75W 的医疗设备(照明设备除外),可以免做该项测试,认为是符合标准要求的。

1. A 类设备的限值

A 类设备输入电流的各次谐波不应超过表 3-8 给出的限值。

表 3-8   A 类设备的限值

谐波次数/n	最大允许谐波电流/A
奇次谐波	
3	2.30
5	1.4
7	0.77
9	0.40
11	0.33
13	0.21
$15 \leqslant n \leqslant 39$	$0.15 \times 15/n$
偶次谐波	
2	1.08
4	0.43
6	0.30
$8 \leqslant n \leqslant 40$	$0.23 \times 8/n$

2. B 类设备的限值

B 类设备输入电流的各次谐波不应超过表 3-8 给出限值的 1.5 倍。

3. C 类设备的限值

(1) 有功功率大于 25W 的照明电器,谐波电流不应超过表 3-9 的限值。

表 3-9　C 类设备的限值

谐波次数 n	基波频率下输入电流百分数表示的最大允许谐波电流/％
2	2
3	30×λ①
5	10
7	7
9	5
11≤n≤39	3
（仅有奇次谐波）	

① λ 是电路功率因数。

带有内置式调光器、独立调光器或壳式调光器的放电灯具，其测量条件为：
- 在最大负荷状态下谐波电流不应超过表 3-9 给出的百分数限值；
- 在任何调光位置，谐波电流不应超过最大负荷条件下允许的电流值；
- 设备应按 GB 17625.1 中 C.5 的条件进行试验。

（2）有功功率小于或等于 25W 的放电灯，应符合下列两项要求中的一项：
- 谐波电流不超过表 3-10 第 2 栏中与功率相关的限值；
- 用基波电流百分数表示的 3 次谐波电流不应超过 86％，5 次谐波不超过 61％，同时，假设基波电源电压过零点为 0°，输入电流波形应在 60°或之前达到电流阈值，在 65°或之前出现峰值，在 90°之前不能降低到电流阈值以下。电流阈值等于在测量窗口内出现的最高绝对峰值的 5％。

4．D 类设备的限值

D 类设备的输入电流的各次谐波不应超过表 3-10 给出的限值。

表 3-10　D 类设备的限值

谐波次数 n	每瓦允许的最大谐波电流/(mA/W)	最大允许谐波电流/A
3	3.4	2.30
5	1.9	1.14
6	1.0	0.77
9	0.5	0.40
11	0.35	0.33
13≤n≤39	3.85/n	（见表 3-8）
（仅有奇次谐波）		

3.4.4　试验方法及布置

1．试验配置

谐波电流测量应在用户操作控制下或自动程序设定在正常状态下，预计产生最大总谐波电流的模式下进行。限值仅适用于线电流而非中性线电流。对于单相设备,允许测量中性线的电流代替线电流,对三相设备,应测量线电流,而不是中性线电流。

2. 一般测量要求

在输入功率用于确定限值时,为了避免在规定的功率下限值发生陡然的变化,而对采用哪一类限值产生疑惑,制造商可以在实际测量值的±10%范围内规定任意值。

谐波电流试验过程中测量得到的功率值与制造商在试验报告中规定的功率值相比,如果不小于90%或不大于110%,则应使用规定值来确定限值。当测量值处于规定值的允许范围之外时,测量的功率值应被用于确定限值。

当手动或自动地将一台设备投入或退出运行,开关动作后第一个10s内的谐波电流和功率不考虑。

EUT不应在待机模式下超过任何观察周期的10%。

3. 限值的应用

判断谐波测试是否合格,有两个指标需要考核,分别是整个试验观察周期内单个谐波电流的平均值和每次谐波的最大值。在整个试验观察周期内得到的单个谐波电流的平均值不大于所采用的限值。对于每次谐波的最大值的限值应用,有以下两种可能性。

(1) 不大于所应用限值的150%。

(2) 当同时满足下列条件时,不大于所应用限值的200%:

- EUT属于A类设备;
- 超过150%应用限值的持续时间,不超过10%的观察周期,或者持续时间总共不超过试验观察周期内的10min(取两者中较小者);
- 在整个试验观察周期内,谐波电流的平均值不超过应用限值的90%。

谐波电流小于输入电流的0.6%或小于5mA,都认为符合要求。

4. 试验观察周期

根据设备的运行类型来确定试验观察周期,一般准稳态、短周期 $T_{cycle} \leqslant$ 2.5min,随机、长周期 $T_{cycle} > 2.5min$。对试验观察周期做以上规定,目的是确保测试结果的重复性。EUT的待机模式时间不超过观察周期的10%。表3-11给出了4种不同形式的观察周期。例如,雾化器、空气压缩机、红外线治疗仪等设备,工作进程单一,开机启动即进入正常工作模式,设备的运行状态较为稳定,则可认为是准稳态运行;体温计、血压计、血糖仪等设备,每运行完一次测量进程后,便自动关机,属于短周期运行设备,谐波测试的观察周期应能覆盖多个测量周期;对于清洗器、灭菌器等类型的设备,运行进程包括清洗、抽真空、加热、吹干等阶段,运行周期较长,试验观察周期最好能包含一整个完整运行程序。

表 3-11 试验观察周期表

设备运行类型	观 察 周 期
准稳态	足够的工作周期以满足试验结果重复性的要求
短周期($T_{cycle} \leqslant 2.5\text{min}$)	$T_{obs} \geqslant 10$ 个周期(参考法)或是足够的工作周期或同步,以满足试验结果重复性的要求
随机	足够的工作周期或同步,以满足试验结果重复性的要求
长周期($T_{cycle} > 2.5\text{min}$)	完整设备程序周期(参考法)或制造商认为将产生最大 THC 的典型 2.5min 操作周期

3.5 电压波动和闪烁测量

3.5.1 试验目的

电压波动和闪烁测试主要测量 EUT 引起的电网电压的变化,电压变化产生的干扰影响不仅取决于电压变化的幅度,还取决于它发生的频率。电压变化通常用两类指标评价,即电压波动和闪烁。电压波动指标反映了突然的较大的电压变化程度,闪烁指标反映了一段时间内连续的电压变化情况。本项测试适用于每相输入电流等于或小于 16A,预期直接连接到相电压为 220～250V、频率为 50Hz 的公用低压配电系统的电气和电子设备。

3.5.2 试验原理

1. 电压波动

本测试要主要考核两类指标:电压波动和闪烁。测量电压波动能反映突然较大的电压变化程度,这种突然较大的电压变化对闪烁的测量影响很小,但十分有害。主要的测量参数有最大相对电压变化特性 d_{max}、相对稳态电压变化特性 d_c 和相对电压变化特性 $d(t)$,如图 3-20 所示。实际上,由于供电网络的阻抗不为零,连接在电网中的设备 1 上产生的电压变化,叠加到电源上导致电网中的设备 2 的供电电源变化,从而干扰设备 2 的正常工作。电压波动和闪烁就是通过共电源阻抗干扰影响到电网中的其他设备。例如,大负荷阻抗的投入或负荷阻抗的较大变化(例如,大功率加热装置的启动、电弧的投入运行),即使电压处于额定的电压范围内,由于电流变化(ΔI)引起很大的稳态运行电压动态变化(ΔU),对同一电网的照明设备产生影响。

2. 闪烁

测量闪烁能反映一段时间内连续的电压变化情况。电压变化本身并不能恰当地表征闪烁的可感受性。人类的眼和大脑结合在一起,对闪烁的反应和敏感性会

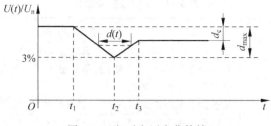

图 3-20 相对电压变化特性

随着闪烁频率的变化而变化。正是因为考虑频率变化这一前提,对电压变化本身的处理必须在一个大约为几分钟的时间周期内进行,将频率变化、电压形状变化的特征以及重复变化所累积的刺激等因素都考虑在内。在试验中,通过将电压变化导入到闪烁计,闪烁计将会根据电压波形和它所使用的参考方法对电压变化特征进行加权。闪烁的测量参数有短期闪烁 P_{st} 和长期闪烁 P_{lt}。短期闪烁指示值 P_{st} 评定的是一个观察周期(短时间、几分钟)闪烁的严酷程度,P_{lt} 评定的是多个观察周期(长时间、几个小时)内闪烁的严酷程度,P_{lt} 不是由闪烁计测量得到的,而是根据各个观察周期内的 P_{st} 计算得到,假设观察周期为 12,其计算公式为 $P_{lt} = \sqrt[3]{\dfrac{1}{12} \sum_{k=1}^{12} P_{stk}^3}$。

P_{st} 与电压变化频次和最大相对电压变化 d_{max} 成正比,常见医疗设备如洁肠水疗仪、灭菌器等设备的闪烁容易超标,因其在保温阶段时需要频繁地控制大功率加热装置的启动和暂停,故其电压变化频次和最大相对电压变化 d_{max} 较大,导致闪烁值超标。

3.5.3 试验限值

每相额定输入电流小于等于 16A 且预期与公共电网连接的设备,应符合 GB 17625.2 的要求。如果设备既有长期又有瞬时电流额定值,则应使用两个额定值中较高者来确定是否适用 GB 17625.2。

(1) P_{st}(短期闪烁指示值)不大于 1.0;

(2) P_{lt}(长期闪烁指示值)不大于 0.65;

(3) 在电压变化期间 $d(t)$ 值超过 3.3% 的时间不大于 500ms;

(4) 相对稳态电压变化 d_c 不超过 3.3%;

(5) 最大相对电压变化 d_{max} 不超过:

• 4%,无附加条件;

• 6%,设备为:

——手动开关,或

——每天多于 2 次的自动开关,且在电源中断后有一个延时再启动(延时不少于数十秒),或手动再启动。

• 7%,设备为:

——使用时有人照看,或

——每天不多于 2 次的自动开关或打算手动的开关,且在电源中断后,有一个延时再启动(延时不少于数十秒)或手动再启动。

对于按照一般试验条件具有几个单独控制电路的设备,只有在电源中断后有延时或手动再启动时,限值 6% 和 7% 适用。对于所有具有电源中断后恢复时能立即动作的自动开关的设备限值 4% 适用。对于所有手动开关设备,根据开关的频率,限值 6% 和 7% 适用。

P_{st} 和 P_{lt} 要求不适用于由手动开关引起的电压变化。

以上这些限值不适用于应急开关动作或紧急中断的情况。

3.5.4　试验方法及布置

设备应在制造商提供的条件下进行试验。带电机的设备,试验前可能需要进行电机驱动的预运行以确保结果与正常使用时一致。

对于未规定试验条件的设备,应按照制造商在说明书中说明的或其他可能用到的控制方式或程序,来选择产生最不利电压变化结果的控制方式和程序进行试验。

对电机,可使用堵转的方法测量,以确定在电机启动期间出现的最大有效值电压变化 d_{max}。

当设备具有几个独立控制电路式,应采用下列方法:

(1) 只要控制电路不是设计成同时切换并打算独立使用时,则每个控制电路都应作为设备的一个运行模式进行试验。如果独立电路的控制设计成同时切换,这些电路可作为一个运行模式进行试验。

(2) 对于控制系统仅调节负载某个部分的情况,应单独考虑该负载的每个可变部分产生的电压波动。

对于用闪烁测量仪测量、模拟法或解析法来评定闪烁值的情况,其观察时间 T_P 规定如下:

• 对 P_{st},$T_P = 10\text{min}$;

• 对 P_{lt},$T_P = 2\text{h}$。

观察时间应包括受试设备在整个运行周期里所产生最不利电压变化结果的那部分时间。

对 P_{st} 评定时,除非另有规定,运行周期应连续地重复。在受试设备运行周期小于观察时间且受试设备在运行周期结束时自动停止的情况下,重复启动所需的最少时间应计入观察时间。

例如,假设设备运行周期为 45min,那么在 50min 内应连续测量 5 个 P_{st},但在

2h 的观察时间里剩余的 7 个 P_{st} 值将被认为是 0。

对 P_{lt} 评定时，当受试设备的运行周期小于 2h 并且通常不连续使用的情况下，除非另有规定，运行周期不应重复。对于一次正常运行超过 30min 的设备，一般需对 P_{lt} 进行评定。

3.6 静电放电抗扰度试验

3.6.1 试验目的

静电放电是指两个具有不同静电电位的物体，由于直接接触或静电电场感应引起物体之间的静电电荷转移，静电电场的能量达到一定程度后，击穿其间介质而进行放电的现象。在这个过程中，将产生潜在的破坏电压、电流以及电磁场。静电波形上升时间非常短，因此包含丰富的高频成分，其上限频率可达 1GHz，使得设备电缆和印制板上的走线变成非常有效的接收天线，耦合电场干扰。通过直接放电产生的电流会引起设备中半导体器件损坏，而造成永久性失效。由放电引起的近场电磁场变化，可能造成设备误动作、死机或操作失常。

静电放电试验是模拟人体自身所带的静电在接触电子电气设备表面或周围金属物品时的放电，评价电子设备遭受直接来自操作者或者对邻近物体的静电放电抗扰能力。

3.6.2 试验原理

通过静电发生器输出脉冲电流来模拟实际放电过程中输出的脉冲电流。静电放电发生器的结构分为充电回路和放电回路，其结构简图如图 3-21 所示。R_d 为放电电阻，阻值为 330Ω，C_s 为储能电容，容值为 150pF。150pF 模拟人体电容量的储能电容器，330Ω 模拟人体握有某个如钥匙或工具等金属物时的源电阻阻值。现已证明，这种金属放电情况足以严格地表示现场的各种人员的放电。

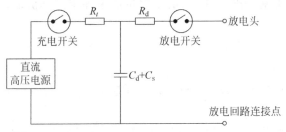

说明：
图中 C_d 是存在于发生器和周围之间的分布电容。
C_d+C_s 的典型值为 150pF。
R_d 的典型值为 330Ω。

图 3-21　静电放电发生器简图

静电放电发生器输出的电流波形如图 3-22 所示,其上升沿很陡,上升时间 t_r 为 0.7~1ns。静电放电试验既有线缆传输,也有近场耦合存在。

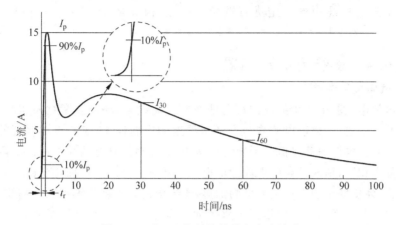

图 3-22　4kV 理想的接触放电电流波形

3.6.3　试验等级

GB/T 17626.2 规定了设备遭受直接来自操作者和对邻近物体的静电放电等级,对于空气放电试验,试验应按照表 3-12 规定的试验等级逐级实施,直至达到规定的试验等级。对于接触放电试验,除非产品委员会有不同的规定,否则按照规定的试验等级实施。

表 3-12　试验等级

接 触 放 电		空 气 放 电	
等级	试验电压/kV	等级	试验电压/kV
1	2	1	2
2	4	2	4
3	6	3	8
4	8	4	15
×①	特定	×①	特定

注：① "×"可以是高于、低于或在其他等级之间的任何等级。该等级必须在专用设备的规范中加以规定,如果规定了高于表格中的电压,则可能需要专用的试验设备。

对于医用电气设备,YY0505 规定了空气放电抗扰度试验电平为 ±2kV、±4kV 和 ±8kV,接触放电为 ±2kV、±4kV 和 ±6kV。接触放电是优先选择的试验方法,空气放电则用在不能使用接触放电的场合。由于试验方法的差别,每种方法所示的电压是不同的。即便是在相同的电压下,两种试验方法的严酷程度并不表示相等的。为了确定故障的临界值,试验电压应从最小值到选定的试验电压逐渐增加,最后的试验值不应超过产品的规定值。对于有产品标准的设备或系统,设备应按照产品标准中的规定进行试验。例如,输液泵/注射泵应在空气放电为±15kV和接触放电为±8kV的等级下进行试验。

3.6.4　试验方法及布置

1. 气候条件要求

静电放电试验中环境的温湿度可能影响试验结果,环境温度对人体静电电位的影响并不明显,人体静电的聚积受环境湿度的影响较大,随着相对湿度的增大,最大人体静电电位显著降低。干燥的环境中,人体对地具有很大的泄放电阻,易导致人体静电积蓄,形成较高的人体静电电位。随着环境湿度增加,空气中的水分相应增加,人体皮肤也会有一定程度的加湿,不导电的衣服鞋袜等绝缘性物质也会吸收水分或在其表面形成一层很薄的水膜而具有导电性,在一定程度上促使人体积蓄的静电荷更快泄放,不利于静电荷的积累。因此,环境湿度越大,人体静电电位越低。静电放电试验应在如下环境中进行试验:环境温度:15~35℃;相对湿度:30%~60%;大气压力:86~106kPa。静电放电试验一般在相对独立的房间内进行,以便实现对温湿度的控制。

2. 静电点的选择

除非在产品标准或产品类标准中有其他规定,静电放电只施加在正常使用时人员可接触到的受试设备上的点和面。对于人员可接触的导电的点和面,应对其进行接触放电,对于人员不能接触到的导电的点和面以及非导电的部位,应对其进行空气放电。接触放电使用静电放电发生器的尖形电极头,如图 3-23(a)所示,空气放电使用静电放电发生器的圆形电极头,如图 3-23(b)所示。

(a) 接触放电　　　　　　　　　　　(b) 空气放电

图 3-23　静电放电实施图

以下是例外的情况(即放电不施加在下述点)。

- 在维修时才接触得到的点和表面。这种情况下,特定的静电放电简化方法应在相关文件中注明。
- 最终用户保养时接触到的点和表面。这些极少接触到的点,如换电池时接触到的电池、录音电话中的磁带等。
- 设备安装固定后或按使用说明使用后不再能接触到的点和面,例如,底部和/或设备的靠墙面或安装端子后的地方。
- 外壳为金属的同轴连接器和多芯连接器可接触到的点。该情况下,仅对连接器的外壳施加接触放电。

非导电(例如,塑料)连接器内可接触到的点,应只进行空气放电试验。

对于表面涂漆的情况,应采用以下操作程序:如设备制造厂家未说明涂膜为绝缘层,则发生器的电极头应穿入漆膜,以便与导电层接触。如厂家指明涂漆是绝缘层,则只进行空气放电。表面不再进行接触放电试验。

考虑表 3-13 中的 6 种情况。

表 3-13　表面涂漆时的静电放电

序　　号	连接器外壳	涂层材料	空气放电	接触放电
1	金属	无	—	外壳
2	金属	绝缘	涂层	可接触的外壳
3	金属	金属	—	外壳和涂层
4	绝缘	无	—①	—
5	绝缘	绝缘	涂层	—
6	绝缘	金属	—	涂层

注:若连接器插脚有防静电放电涂层,涂层或设备上采用涂层的连接器附近应有静电放电警告标签。
① 若产品(类)标准要求对绝缘连接器的各个插脚进行试验,应采用空气放电。

如果设备或系统的连接器附近标有如图 3-24 所示的符号,则该连接器免于此项试验,并在说明书中描述有关静电放电预防措施。图 3-25 为监护仪在静电放电试验时静电点的选择。

3. 试验的实施

1) 对受试设备直接施加的放电

为了确定故障的临界值,试验电压应从最小值到选定的试验电压值逐渐增加。最后的试验值不应超过产品的规范值,以避免损坏设备。

图 3-24　静电放电敏感性标记

试验顺序:空气放电为±2kV、±4kV 和±8kV。

接触放电为±2kV、±4kV 和±6kV。

试验以单次放电的方式进行。在预选点上,至少施加 10 次单次放电。

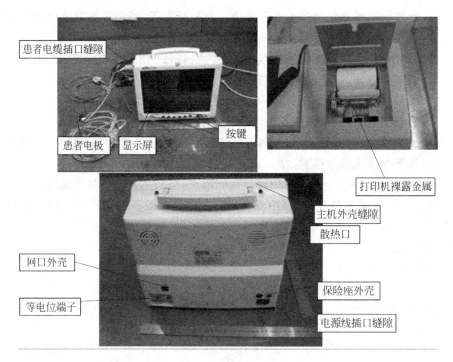

图 3-25　监护仪静电点的选择

连续单次放电之间的时间间隔为 1s，但为了确定系统是否会发生故障，可能需要较长的时间间隔及取较多的试验点。

静电放电发生器要保持与实施放电的表面垂直，以改善试验结果的可重复性。

接触放电应施加于设备或系统的可触及导电部件和耦合平面。

在空气放电的情况下，放电电极的圆形放电头应尽可能快地接近并触及受试设备（不要造成机械损伤）。每次放电之后，应将静电放电发生器的放电电极从受试设备移开，然后重新触发发生器，进行新的单次放电，这个程序应当重复至放电完成为止。

2）对受试设备间接施加的放电

对放置于或安装在受试设备附近的物体的放电应用静电放电发生器对耦合板接触放电的方式进行模拟。

水平耦合板放电应在 EUT 的下面水平方向对其边缘施加。

在距受试设备每个单元（若适用）中心点前面的 0.1m 处水平耦合板边缘，至少施加 10 次单次放电（以最敏感的极性）。放电时，放电电极的长轴应处在水平耦合板的平面，并与其前面的边缘垂直。

放电电极应接触水平耦合板的边缘。

另外,应考虑对受试设备的所有面都施加放电试验。

对耦合板的一个垂直板的中心至少施加 10 次的单次放电,应将尺寸为 0.5m× 0.5m 的耦合板平行于受试设备放置且与其保持 0.1m 的距离。

放电应施加在耦合板上,通过调整耦合板位置,使受试设备四面不同的位置都受到放电试验。

4. 试验布置

试验可在设备或系统的任一标称输入电压和频率的供电下进行。

实验室的地面应设置接地参考平面,它应是一种最小厚度为 0.25mm 的铜或铝的金属薄板,其他金属材料虽可使用但它们至少有 0.65mm 的厚度。

接地参考平面每边至少应伸出受试设备或水平耦合板(适用时)之外 0.5m,并将它与保护接地系统相连。

应始终遵守国家有关安全规程的规定。

受试设备应按其使用要求布置和连线。

受试设备与实验室墙壁和其他金属性结构之间的距离最小 0.8m。

受试设备与静电放电发生器(包括任何外部的供电电源)按照它们的安装技术条件接地。不允许有其他附加的接地线。

电源与信号电缆的布置应能反映典型的实际安装。

静电放电发生器的放电回路电缆应与接地参考平面连接。如果这个长度超过所选放电点需要的长度,如可能将多余的长度以无感方式离开接地参考平面放置。除了接地参考平面,放电回路电缆与试验配置的其他导电部分保持不小于 0.2m 的距离。

如果金属墙和接地参考平面电气连接,允许将放电回路电缆与试验室的金属墙连接。

每根线缆与接地参考平面的连接和所有搭接均应是低阻抗的,例如在高频场合下采用机械夹紧装置等。

规定有耦合板的地方,例如允许采用间接放电的地方,这些耦合板采用最小为 0.25mm 厚的金属板(铜或铝,其他金属材料也可以使用,但是它们的厚度至少为 0.65mm),而且经过每端带有一个 470kΩ 电阻的电缆与接地参考平面连接。这些电阻器应能耐受住放电电压。当电缆置于接地参考平面上时,电阻器和电缆应具有良好的绝缘,以避免对接地参考平面的短路。

连接在水平耦合板和垂直耦合板接地线上的 470kΩ 泄放电阻器是用来防止静电放电发生器对耦合板放电后,施加在耦合板上的电荷即刻消失。这增加了静电放电对受试设备的影响。在试验中,电阻器应能承受施加到受试设备的最大放电电压。它们宜放置在靠近接地线的两端以此来形成一个分布电阻。

1) 台式设备

试验设备包括一个放在接地参考平面上(0.8±0.08)m 高的非导电桌子。放在桌面上的水平耦合板(HCP)尺寸为(1.6±0.02)m×(0.8±0.02)m,并用一个厚(0.5±0.05)mm 的绝缘支撑将受试设备和电缆与耦合板隔离。

如果受试设备过大而不能保持与水平耦合板各边的最小距离为 0.1m,则应使用另一块相同的水平耦合板,并与第一块距离(0.3±0.02)m。此时必须将桌子扩大或使用两张桌子,这些水平耦合板不必搭接在一起,而应经过另一根带电阻电缆接到接地参考平面上。

所有受试设备的安装脚架应保持原位。

图 3-26 提供了台式设备试验布置的实例。

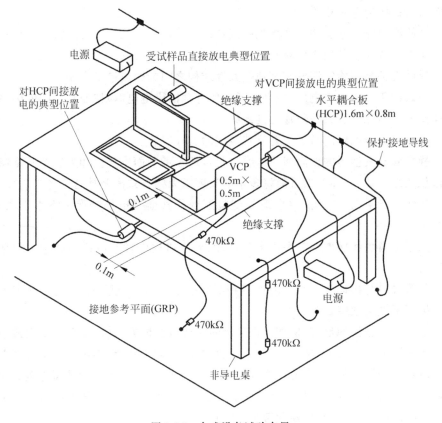

图 3-26　台式设备试验布局

2) 落地式设备

受试设备用 0.05～0.15m 厚的绝缘支撑与接地参考平面隔开。受试设备的电缆用厚度约为(0.5±0.05)mm 厚的绝缘支撑与接地参考平面隔开。电缆的隔离应超过受试设备隔离的边缘。

图 3-27 提供了落地设备试验布置的实例。

任何与受试设备有关的安装脚架应保持原位。

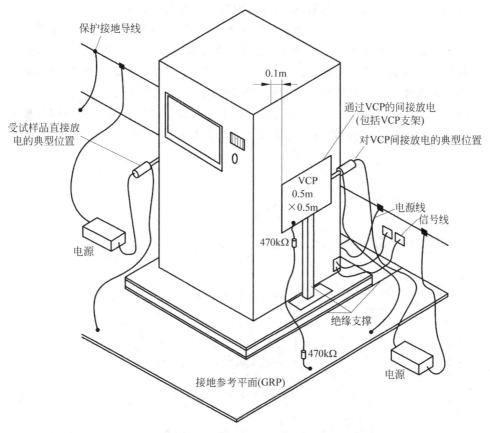

图 3-27 落地设备试验配置的实例

3) 不接地设备

本条描述的试验布置适用于安装规范或设计不与任何接地系统连接的设备或设备部件。设备或设备部件,包括便携式、有或者没有充电器(电源线不接地)的电池供电设备(内部和外部)和双重绝缘设备(Ⅱ类设备)。

基本原理:不接地设备或设备的不接地部件不能如Ⅰ类供电设备自行放电。若在下一个静电放电脉冲施加前电荷未消除,受试设备或受试设备的部件上的累积电荷可能使电压为预期试验电压的两倍。因此,双重绝缘设备的绝缘体电容经过几次静电放电累积,可能充电至异常高,然后以高能量在绝缘击穿电压处放电。

为模拟单次静电放电(空气放电或者接触放电),在施加每个静电放电脉冲之前应消除受试设备上的电荷。

　　在施加每个静电放电脉冲之前,应消除施加静电放电脉冲的金属点或部位上的电荷,如连接器外壳、电池充电插脚、金属天线。

　　当对一个或几个可接触到的金属部分进行静电放电试验,由于不能保证给出产品上该点和其他点间的电阻,应消除施加静电放电点的电荷。

　　应使用类似于水平耦合板和垂直耦合板用的带有 $470\text{k}\Omega$ 泄放电阻的电缆。

　　因受试设备和水平耦合板(台式)之间以及受试设备和接地参考平面(落地式)之间的电容取决于受试设备的尺寸,静电放电试验时,如果功能允许,应安装带泄放电阻的电缆。放电电缆的一个电阻应尽可能靠近受试设备的试验点,最好小于20mm。第二个电阻应靠近电缆的末端,对于台式设备电缆连接于水平耦合板上(见图 3-28),对于落地式设备电缆连接于接地参考平面上(见图 3-29)。

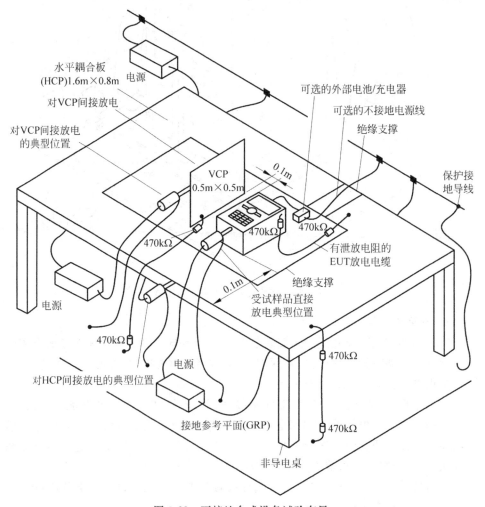

图 3-28　不接地台式设备试验布局

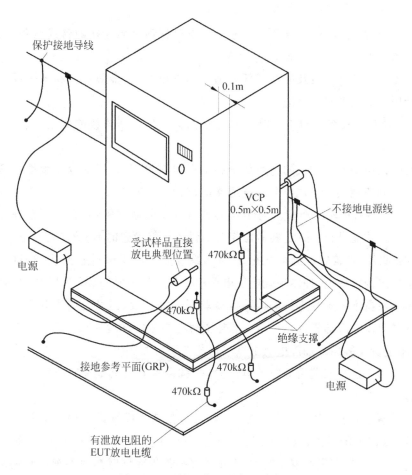

图 3-29 不接地落地设备试验布局

带泄放电阻电缆的存在会影响某些设备的试验结果。若在连续放电之间电荷能有效地衰减,施加静电放电脉冲时断开电缆的试验优先于连接上电缆的试验。

因此以下选择可作为替代方法:

- 连续放电的时间间隔应长于受试设备的电荷自然衰减所需的时间;
- 使用带泄放电阻(例如,$2 \times 470\text{k}\Omega$)的碳纤维刷清除受试设备的电荷;

在电荷衰减有争议时,可用非接触电场计监视受试设备上的电荷。当放电衰减至低于初始值的 10% 后,受试设备被认为已放电。

（1）台式设备。对于与接地参考平面没有任何金属连接的台式设备，安装应近似于图 3-28。

对受试设备上可触及的金属部分施加静电放电，其金属部分和水平耦合板之间应使用带泄放电阻的电缆连接。

（2）落地式设备。对于与接地参考平面无任何金属连接的落地式设备，安装应近似于图 3-29。

对受试设备上可触及的金属部分施加静电放电，其金属部分和接地参考平面（GRP）之间应使用带泄放电阻的电缆连接，见图 3-29。

（3）安装后试验的布置。对于现场进行的安装后试验，只有经制造商和用户双方同意时才能进行。一定要考虑相邻的设备可能受到的不利影响。

注：此外，安装后的静电放电现场试验可能会使受试设备遭受明显的老化。一旦承受过静电放电，许多现代电子电路的平均无故障时间（MTTF）将显著缩短。虽然电子设备不一定在进行静电放电试验时立即失效，但经受过静电放电试验的电子设备出现故障通常远比完全没有经受过静电放电试验的来得更快。考虑到这一点，不进行安装后现场静电放电试验可能是明智的决定。

如果决定进行安装后静电放电试验，受试设备应在其最终安装完毕条件下进行试验。

为了便于放电回路电缆的连接，应将接地参考平面铺设在地面上并保持与受试设备约 0.1m 的距离，该平面应当是厚度不小于 0.25mm 的铜或铝板，也可使用其他金属材料，但其最小厚度为 0.65mm，安装条件允许时接地参考平面应是宽约 0.3m 和长约 2m。

接地参考平面应连接到保护接地系统。如无法与保护接地系统连接，则该接地参考面应与受试设备的接地端连接。

静电放电发生器的放电回路电缆应接到接地参考平面上。当受试设备安装在金属桌上时，应将桌子通过每端接有 470kΩ 的电缆连接到参考平面上，以防止电荷的累积。

不接地的金属部件应按照不接地进行测试。有泄放电阻的电缆应连接到接地参考平面上，并靠近受试设备。

图 3-30 提供了安装后试验布置的实例。

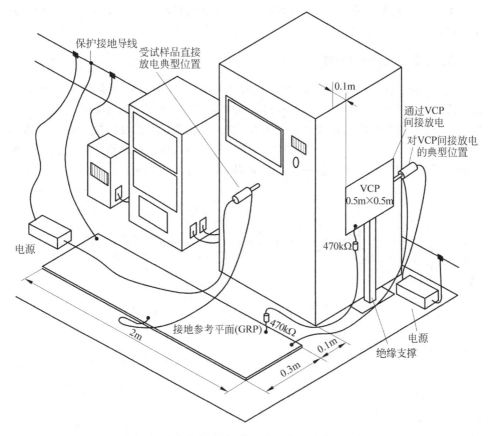

图 3-30 安装后试验,落地式设备试验布置实例

3.7 射频电磁场辐射抗扰度试验

3.7.1 试验目的

电子电气设备在同一空间中同时工作时,总会在它周围产生一定强度的电磁场,这些电磁场通过一定的途径(辐射、传导)把能量耦合给其他的设备,有可能影响其他设备正常工作,如维修和保安人员使用的小型无线电收发机、固定的无线电广播、电视台的发射机、车载无线电发射机和各种工作电磁源均会频繁地产生这种辐射。近年来,无线电话及其他无线电发射装置的使用显著增加,其中有许多设备使用的是非恒定包络调制技术(如 TDMA),对电子电气设备的辐射抗扰度提出了更高的要求。除了有意产生的电磁能以外,还有一些设备产生杂散辐射,如电焊机、晶闸管装置、荧光灯、感性负载的开关操作等,同样会对电子电气设备产生影

响。测试的目的是建立一个共同的标准来评价电气和电子产品或系统的抗射频辐射电磁场干扰的能力。

3.7.2 试验原理

按医用电气设备辐射抗扰度测试要求,信号发生器输出频率范围为 80MHz～2.5GHz,调制频率为 1kHz 或 2Hz,调制幅度为 80%,频率步长不超过基频 1% 的信号,该信号经功率放大器放大后由天线发射,并在 3m 测试距离处形成一个离参考地 0.8m 高的 1.5m×1.5m 均匀场,考察 EUT 的工作性能是否下降。测试系统连接图见图 3-31,典型的试验图例见图 3-32。

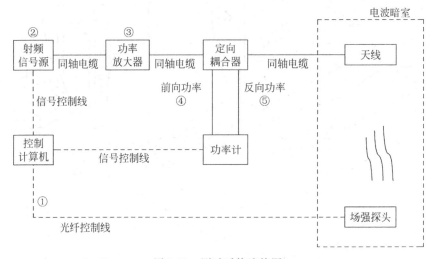

图 3-31　测试系统连接图

整个辐射抗扰度测试系统是一个闭环的回路。由测试软件设定目标场强等级,通过射频信号源输出信号,经过功率放大器放大,再由发射天线输出,最终在远端通过场强计得出实际场强的大小。同时,场强计会根据实测场强的大小,反馈到计算机来进一步调节射频信号源输出信号的大小,使得实测场强和目标场强是一致的。

通常,在测试时我们会通过监控②信号源输出、④前向功率、⑤反向功率和⑦实测场强来实时确定系统是否正常工作。当实测场强在某一频段远低于目标场强时,可以添加 VSWR 监控窗口——VSWR(Voltage Standup Wave Ratio,电压驻波比)可简单估算为功放反向功率的平方根与功放前向功率的平方根的比值,其中 τ 为反射系数模值,即

$$\text{VSWR} = \frac{1+\tau}{1-\tau} = \frac{1+\sqrt{\dfrac{P_{反向功率}}{P_{前向功率}}}}{1-\sqrt{\dfrac{P_{反向功率}}{P_{前向功率}}}}$$

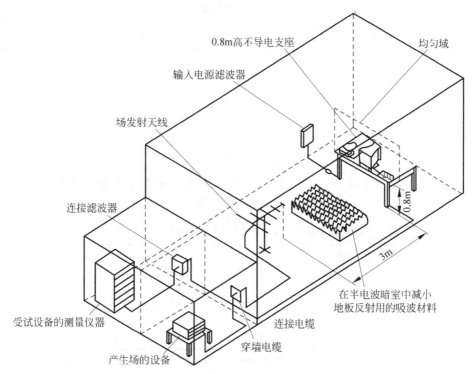

注：图中为了简明而省略了墙上和顶部的吸波材料。

图 3-32　典型试验图例

当 VSWR 值比较大时，应检查整个回路连接是否正常，再逐一排查是哪个部件出现了问题。而当 VSWR 值正常，功放饱和度低于 3.1dB，同时，信号源输出较大，需要检查功放输出是否饱和。

场均匀性是在进行辐射抗扰度测试时的性能参数。测试时，需要在 EUT 处产生规定的场强。EUT 的表面有一定范围，所以在 EUT 区域内规定了一个离地面 0.8m 高的 1.5m×1.5m 的垂直平面，要求在该平面内场强强度保持均匀性。具体做法是把该平面划分成 9 个长 0.5m 的正方形区域，共 16 个点。当至少有 12 个点，其场强最大值与最小值的差值小于 6dB，则认为该测试面场是均匀的，可以进行辐射抗扰度测试。

3.7.3　试验等级

1. GB/T 17626.3 测试要求

基础标准 GB/T 17626.3 中规定，在频率范围 80～1000MHz 的试验等级如表 3-14 所示。

表 3-14　试验等级

等　　级	试验场强/(V/m)
1	1
2	3
3	10
4	30
×	特定

注:"×"是一个开放的等级,可在产品规范中规定。

表 3-15 给出了保护(设备)抵抗数字无线电话射频辐射频率范围为 800~960MHz 以及 1.4~6GHz 优先选择的试验等级。

表 3-15　频率范围:800~960MHz 以及 1.4~6GHz

等　　级	试验场强/(V/m)
1	1
2	3
3	10
4	30
×	特定

注:"×"是一个开放的等级,可在产品规范中规定。

试验场强给出的是未调制的载波信号,如图 3-33(a)所示。对于医用电气设备,要用 2Hz 或 1kHz 的正弦波对载波信号进行 80% 的幅度调制来模拟实际情况(见图 3-33(b))。部分医用设备对调制频率有特殊要求的,按照产品标准执行。

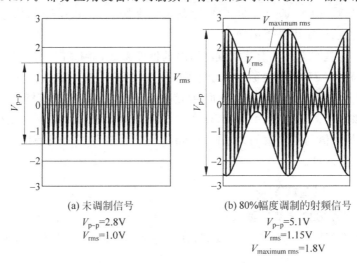

(a) 未调制信号
V_{p-p}=2.8V
V_{rms}=1.0V

(b) 80%幅度调制的射频信号
V_{p-p}=5.1V
V_{rms}=1.15V
$V_{maximum\ rms}$=1.8V

图 3-33　规定的试验等级和信号发生器输出端波形

如果产品仅需符合有关方面的使用要求,则1.4～6GHz频率的试验范围可缩小至仅满足我国规定的具体频段,此时应在试验报告中记录缩小的频率范围。

有关专业标准化技术委员会应对每个频率范围规定合适的试验等级。在表3-14和表3-15所述的频率范围内,仅需对其中较高的试验等级进行试验。

2. YY 0505 规定的试验等级

1）概述

非生命支持设备和系统,除以下第3)条规定或以下第4)条规定的占用频带外,应在80MHz～2.5GHz的整个频率范围内,在3V/m抗扰度试验电平上符合36.202.1j)的要求。

非生命支持设备和系统,除仅用于屏蔽场所的设备和系统或含有射频电磁能接收机的设备和系统的免测频带外,应在80MHz～2.5GHz的整个频率范围内,在3V/m抗扰度试验电平上符合YY 0505 36.202.1j)关于基本性能的要求。

2）生命支持设备和系统

生命支持设备和系统,除以下第3)条规定的或以下第4)条规定的独占频带外,应在80MHz～2.5GHz的整个频率范围内,在10V/m抗扰度试验电平上符合36.202.1j)的要求。

3）规定仅用于屏蔽场所的设备和系统

规定仅用于屏蔽场所的设备和系统,除以下第4)条规定的独占频带外,可从上述第1)或第2)条规定的试验电平降低(如适用)后的抗扰度试验电平上符合36.202.1的要求。如果射频屏蔽效能和射频滤波衰减满足6.8.3.201规定的要求,则该抗扰度试验电平与最低射频屏蔽效能和最小射频滤波衰减的适用的规定值成比例。

4）含有射频电磁能接收机的设备和系统

为其运行目的而接收射频电磁能的设备和系统,在占用频带内免于36.202.1j)基本性能的要求;然而,在占用频带内,如适用,设备或系统应保持安全,并且设备或系统的其他功能应符合上述1)或2)中规定的要求。在占用频带外,如适用,设备和系统应符合上述1)或2)规定的要求。

根据GB/T 17626.3和YY 0505中的要求,通过按产品以及试验等级应用,医用电气设备的测试总结如表3-16所示。

表 3-16　医用电气设备辐射骚扰抗扰度试验等级简表

分　类	试　验　等　级		备　注
非生命支持设备和系统	一般要求	2(3V/m)	80MHz～2.5GHz 的整个频率范围
	仅用于屏蔽场所的设备和系统	2(3V/m)	根据射频屏蔽效能和射频滤波衰减满足 YY 0505 6.8.3.201c)2)规定的要求,使用降低后的试验等级
	含有射频电磁能接收机的设备和系统	2(3V/m)	占用频带内免于 YY 0505 36.202.1j)基本性能的要求,频带外使用 3V/m 试验等级①
生命支持设备和系统	一般要求	3(10V/m)	80MHz～2.5GHz 的整个频率范围
	仅用于屏蔽场所的设备和系统	3(10V/m)	根据射频屏蔽效能和射频滤波衰减满足 YY 0505 6.8.3.201c)2)规定的要求,使用降低后的试验等级
	含有射频电磁能接收机的设备和系统	3(10V/m)	占用频带内免于 YY 0505 36.202.1j)基本性能的要求,频带外使用 10V/m 试验等级②

注:① 在占用频带内,如使用 3V/m 的试验等级,设备或系统应保持安全,并且其他功能满足 YY 0505 36.202.1j)基本性能的要求。

② 在占用频带内,如使用 10V/m 的试验等级,设备或系统应保持安全,并且其他功能满足 YY 0505 36.202.1j)基本性能的要求。

3.7.4　试验方法及布置

试验前,应该用场强探头在校准栅格某一节点上检查所建立的场强强度,发射天线和电缆的位置应与校准时一致,测量达到校准场所需的正向功率,应与校准均匀域时的记录一致。抽检应在预设的频率范围内对校准栅格上的一些节点以水平和垂直两种极化方式进行。

将 EUT 置于使其某个面与校准的平面相重合的位置。

用 1kHz 或 2Hz 的正弦波对信号进行 80% 的幅度调制后,在 80MHz～2.5GHz 频率范围内进行扫描试验。当需要时,可以暂停扫描以调整射频信号电平或振荡器波段开关和天线。

对于要求在 2Hz 调制频率下试验的设备和系统不必在 1kHz 下附加试验。对于预定用于监视或测量生理参数的设备和系统,应使用表 3-17 规定的生理模拟频率限值。

表 3-17　调制频率、生理模拟频率和工作频率

预 期 用 途	调 制 频 率	生理模拟频率和工作频率
控制、监视或测量生理参数	2Hz	<1Hz 或>3Hz
其他所有设备	1kHz	不适用

每一频率点上,最小驻留时间应基于设备或系统运行(如果适用)和对试验信号充分响应所需的时间,对于以 2Hz 调制频率试验的设备和系统,驻留时间应至少 3s,其他所有设备和系统应至少 1s,并且应不小于最慢响应功能的响应时间加上射频辐射抗扰度试验系统的调整时间。对数据取时间平均值的设备和系统,其快速响应信号不能用来确定试验信号对设备或系统的影响,驻留时间应不小于平均周期的 1.2 倍。如果平均周期是可调的,则用来确定驻留时间的平均周期应是设备或系统预期用于临床应用中最常使用的。对于能用快速响应信号来确定试验信号对设备或系统影响的设备和系统,如果快速响应信号能得到监视,则驻留时间可减少。在这种情况下,驻留时间应不小于信号或监视系统的响应时间的较长者加上射频辐射抗扰度试验系统的响应时间的总和。但是,在任何情况下对以 2Hz 调制频率试验的设备和系统驻留时间应不小于 3s,对所有其他设备和系统不小于 1s,对于带有多个独立参数或分系统的设备和系统,每个参数或分系统会产生不同的驻留时间,采用的值应是确定的单个驻留时间的最大者。

频率步长应不超过基频的 1%(下一个试验频率小于或等于前一个试验频率的 1.01 倍)。

发射天线应对 EUT 的四个侧面逐一进行试验。当 EUT 能以不同方向(如垂直或水平)旋转使用时,各个侧面均应试验。

注:若 EUT 由几个部件组成,当从各侧面进行辐射试验时,无须调整其内部任一部件的位置。

对 EUT 的每一侧面需在发射天线的两种极化状态下进行试验,一次天线在垂直极化的位置,另一次天线在水平极化位置。

在试验过程中应尽可能使 EUT 充分运行,并在所有选定的敏感运行模式下进行抗扰度试验。

在均匀场校准和抗扰度试验过程中,除设备或系统以及必需的模拟装置外,不应将其他物体引入试验区域或发射天线与设备或系统的位置之间。必需的模拟装置应尽可能选择和定位得对均匀场的干扰最小。

具有射频电磁能接收部分的设备和系统的试验条件如下:

设备和系统的接收部分应调谐至优选的接收频率。如果设备或系统没有优选的接收频率，则设备或系统的接收部分应调谐到可选接收频段的中心；扩频接收器例外，应允许其正常工作。

在试验期间所用的患者耦合电缆，应按随机文件规定采用制造商允许的最大长度。患者耦合点对地应当没有导体或电容连接，包括通过患者生理信号模拟器接地（若使用）。患者耦合点对地的分布电容应该不大于 250pF。患者生理信号模拟器（若使用）与设备或系统的接口，应定位在距设备或系统同一方位上的均匀场区垂直平面 0.1m 的范围内。

结构上不可实现子系统模拟运行的大型永久性安装设备和系统，可免于 GB/T 17626.3 所规定的试验要求。如果使用该豁免，那么这类大型永久性安装设备和系统应当在安装现场或开阔试验场，利用出现在典型健康监护环境中的射频源（如无线（蜂窝或无绳）电话、对讲机和其他合法发射机）进行型式试验。另外，试验使用的频率应是 80MHz～2.5GHz 频率范围中 ITU 指配的工科医设备（ISM）的使用频率。除了可使用实际的调制外（例如无线（蜂窝或无绳）电话、对讲机等），还应调整源的功率和距离以提供合适的试验电平。这种试验允差不影响 YY 0505 的 36.202.6 的规定。

试验时，设备或系统可以在任何一种名义输入电压和名义频率下来供电。

所有 EUT 应尽可能在实际工作状态下运行，布线应按生产厂推荐的规程进行，除非另有说明，设备应放置在其壳体内并盖上所有盖板。

若设备被设计安装在支架上或柜中，则应在这种状态下进行试验。

当需要某种装置支撑 EUT 时，应该选用不导电的非金属材料制作。但设备的机箱或外壳的接地应符合生产厂的安装条件。

当 EUT 由台式和落地式部件组成时，要保持正确的相对位置。

1. 台式设备的布置

图 3-34 为台式设备的试验布置图，EUT 应放置在一个 0.8m 高的绝缘试验台上。

注：使用非导体支撑物可防止 EUT 偶然接地和场的畸变。为了保证不出现场的畸变，支撑体应是非导体，而不是由绝缘层包裹的金属构架。

根据设备相关的安装说明连接电源和信号线。

2. 落地式设备的布置

图 3-35 为落地式设备的试验布置图，落地式设备应置于高出地面 0.05～0.15m 的非导体支撑物上。如果有关专业标准化技术委员会提出特别要求，且 EUT 又不是太大和太重，提升高度也不会造成安全事故，落地式设备可以在 0.8m 高的平台上进行试验。

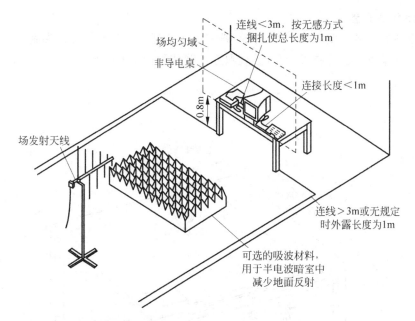

图 3-34　台式设备的试验布置举例

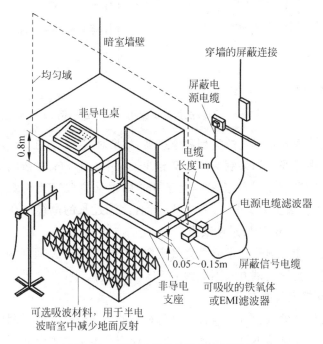

图 3-35　落地式设备的试验布置举例

3. 线缆布置

设备的电缆布置如图 3-36 所示,线缆应连接到 EUT,并按照制造商的安装说明书在试验场上进行布置,要求重现典型的和使用最多的安装。

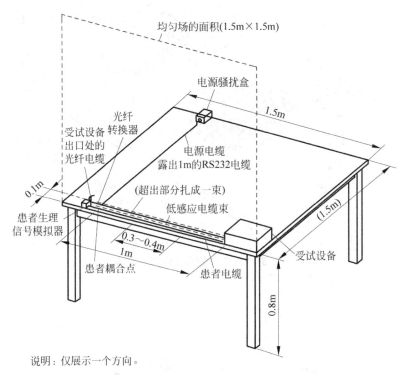

图 3-36 辐射抗扰度试验用电缆布置举例

应使用制造商规定线缆的类型和连接器,如果对 EUT 的进、出线没有规定,则使用非屏蔽平衡导线。如果制造商规定导线长度不大于 3m,则按制造商规定长度用线。如果制造商规定导线长度应大于 3m,则根据典型安装长度用线。如果可能,受辐射的线长最少为 1m。连接 EUT 元件之间过长的电缆应在线的中部捆扎成长大约为 30~40cm 的低感性线束。

如果有关专业标准化技术委员会规定多余的电缆需要去耦(例如,延伸到测试区域外的电缆),则该去耦方式不应影响 EUT 的运行。

4. 人身携带设备的布置

人身携带设备的试验可按与台式设备相同的方法进行。但可能由于未考虑人身的某些特点而使试验不足或过强,因此,建议产品委员会规定使用一个有适当绝缘特性的人体模拟器。

3.8　电快速瞬变脉冲群抗扰度试验

3.8.1　试验目的

电快速瞬变脉冲群试验是一种将由许多快速瞬变脉冲组成的脉冲群耦合到电气和电子设备的电源端口、控制端口、信号端口和接地端口的一种试验。切换或断开控制系统中的感性负载(如继电器、接触器、断路器等),常会产生这类瞬态骚扰。这些瞬态骚扰具有脉冲重复频率高、上升沿陡峭、单个脉冲持续时间短暂、脉冲幅度高、脉冲成群出现等特征。这种瞬态骚扰的电压较高,能量却很小,一般不会损坏设备。但是,由于其上升时间很短,频谱分布较宽,对电气设备的可靠工作威胁很大,容易造成设备的误动作或死机。电快速瞬变脉冲群试验就是为了验证电气和电子设备对这类瞬态骚扰的抗扰度。

3.8.2　试验原理

电感性负载(如继电器、接触器)在断开时,由于开关触点间隙的绝缘击穿或触点弹跳等原因,会在断点处产生暂态骚扰。这种暂态骚扰以脉冲群形式出现,能量较小,一般不太可能引起设备的损坏,但是由于其频谱分布较宽,包含了很高的频率,所以仍会对电子设备的可靠工作产生影响。发生器的电路简图在图 3-37 中给出。经由挑选的电路元件 C_c、R_s、R_m 和 C_d,使发生器在开路和接 50Ω 阻性负载的条件下产生一个快速瞬变。信号发生器的有效输出阻抗应为 50Ω。

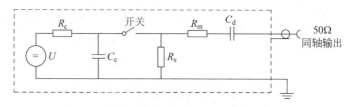

图 3-37　快速瞬变脉冲群发生器主要元件电路简图

U—高压源;R_c—充电电阻;C_c—储能电容器;R_s—脉冲持续时间调整电阻;R_m—阻抗匹配电阻;

C_d——隔直电容;Switch—高压开关

说明:开关特性与分布(电感和电容)对上升时间有影响。

电快速瞬变脉冲群周期为 300ms,重复频率 5kHz 时,每一个脉冲串持续15ms,重复频率 100kHz 时,每一个脉冲串持续 0.75ms。每个脉冲串由数个无极性的单个脉冲波形组成,单个脉冲的上升沿 5ns,持续时间 50ns。电快速瞬变脉冲群概略图如图 3-38 所示,输出到 50Ω 负载的单个脉冲波形如图 3-39 所示。

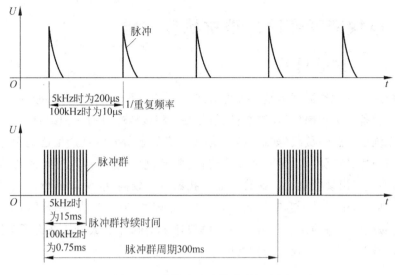

图 3-38　电快速瞬变脉冲群概略图

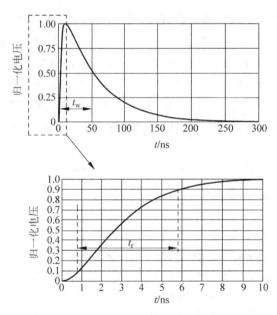

图 3-39　输出到 50Ω 负载的单个脉冲的理想波形(t_r＝5ns，t_w＝50ns)

脉冲群信号通过耦合/去耦网络或容性耦合夹施加到受试设备的端口。耦合/去耦网络如图 3-40 所示。耦合部分为一个 33nF 的电容,将脉冲信号耦合到 EUT 的受试端口,去耦部分为铁氧体的去耦电感和滤波电容,隔离电网。

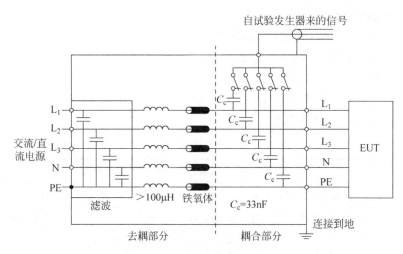

图 3-40 用于交流/直流电源端口/端子的耦合/去耦网络

L_1,L_2,L_3—相线；N—中线；PE—保护接地；C_c—耦合电容

耦合夹能在与受试设备端口的端子、电缆屏蔽层或受试设备的任何其他部分无任何电连接的情况下将电快速瞬变脉冲群耦合到受试线路。容性耦合夹的机械结构见图 3-41,该装置由盖住受试线路电缆(扁平形或圆形)的夹板(例如,用镀锌钢、黄铜、铜或铝板制成)组成,并且应放置在接地参考平面上。接地参考平面的周边至少应超出耦合夹 0.1m。耦合夹的上下夹板应尽可能合拢,以提供电缆和耦合夹之间最大的耦合电容。发生器应连接到耦合夹最接近受试设备的那一端,当耦合夹只有一个高压同轴连接器,则高压同轴接头端应离受试设备最近。

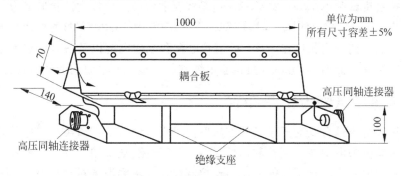

图 3-41 容性耦合夹结构

3.8.3 试验标准等级

根据 GB/T 17626.4 标准的要求,表 3-18 列出了对设备的电源、接地、信号和控制端口进行电快速瞬变试验时应优先采用的试验等级。实际应根据预期使用环

境来选择试验等级,可以分为 5 级:

(1) 1 级:有良好的保护环境(环境无骚扰);

(2) 2 级:受保护的环境(环境较轻骚扰);

(3) 3 级:典型的工业环境;

(4) 4 级:严酷的工业环境;

(5) 5 级:特殊使用环境。

表 3-18　试验等级

等级	开路输出试验电压和脉冲的重复频率			
	电源端口和接地端口(PE)		信号端口和控制端口	
	电压峰值/kV	重复频率/kHz	电压峰值/kV	重复频率/kHz
1	0.5	5 或 100	0.25	5 或 100
2	1	5 或 100	0.5	5 或 100
3	2	5 或 100	1	5 或 100
4	4	5 或 100	2	5 或 100
×	特定	特定	特定	特定

注:1. 传统上用 5kHz 的重复频率;然而,100kHz 更接近实际情况。产品标准化技术委员会宜决定与特定的产品或者产品类型相关的那些频率。

2. 对于某些产品,电源端口和信号端口之间没有清晰的区别,在这种情况下,应由产品标准化技术委员会根据试验目的来确定如何进行。

3. "×"可以是任意等级,在专用设备技术规范中应对这个级别加以规定。

对于医用电气设备,YY 0505 对试验等级提出了具体的要求,在交流和直流电源线的抗扰度试验电平为 ±2kV,信号电缆和互联电缆的抗扰度试验电平为 ±1kV,试验频率为 5kHz 和 100kHz 时,应符合 YY 0505 中 36.202.1j)的要求。由设备或系统的制造商规定长度小于 3m 的信号电缆和互连电缆以及所有的患者耦合电缆不进行试验。然而,应考虑直接试验电缆和不直接试验电缆间的任何耦合影响。

3.8.4　试验方法及布置

把试验电压耦合到受试设备的方法取决于受试设备的端口类型。电快速瞬变脉冲群试验分为电源端口试验和信号/控制端口试验,电源端口注入考察设备对来自电网的脉冲骚扰的抗干扰能力,信号/控制线注入考察设备对来自空间的脉冲骚扰的抗干扰能力。试验时,应采用去耦网络保护辅助设备和公共网络。

1. 电源端口

对于电源端口的试验,采用耦合去耦网络是首选的方法,其原理是通过 33nF 的电容,在每个电源端子于最近的保护节点之间直接耦合电快速瞬变骚扰电压。耦合去耦网络如图 3-42 所示。试验时,电源的每根电源线同时注入脉冲信号,脉冲注入是以参考地面为基准的共模注入方式,因此,脉冲骚扰对 EUT 的影响与其共模阻抗有关,为了保证试验的一致性,EUT 与参考地面的距离为 0.1m。当 EUT 的额定输入电流较大,大于 100A 时,若没有适合的耦合去耦网络,可采用替代法,一般不建议用容性耦合夹的方法,耦合夹的效率远远低于 33nF 电容直接注入的方法。

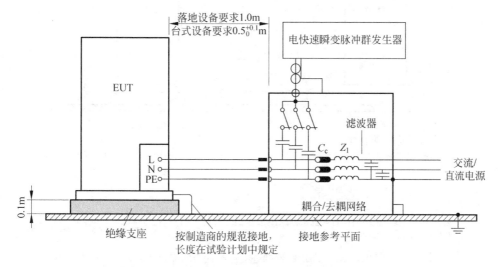

图 3-42 对交流/直流电源端直接耦合试验电压的实验室型式试验布置示例

对于电源端口中无接地端子的设备,试验电压仅施加在 L 和 N 线上。

2. 信号/控制端口

对于信号端口试验,优先采用容性耦合夹来施加试验电压,如图 3-43 所示。容性耦合夹实质是由上下两块金属板组成,它与电缆之间形成大约 100pF 的电容,通过这个电容将脉冲耦合到电缆。由于某些原因不能使用耦合钳时,可以用长度大约 1m 的导电箔将线缆包裹起来,模拟耦合夹的状态,也可以用 100pF 电容取代耦合夹的分布电容进行耦合。耦合夹与 EUT 之间的距离为 1.0m。

3. 试验布置

落地式和设计安装于其他配置中的受试设备,除非另外提及,都应放置在接地参考平面上,并用厚度为 (0.1 ± 0.05)m 的绝缘支座(包括不导电的滚轮在内)与之隔开(见图 3-44)。

除非产品标准另有规定,对于台式设备试验,任何耦合设备和受试设备间的距离应为 $(0.5-0/+0.1)$m[①],对于落地式设备试验应为 (1.0 ± 0.1)m[②]。如果受试

注:① 与标准中保持一致。即为 $(0.5\sim0.6)$m。

② 与标准中保持一致。即为 $(0.9\sim1.1)$m。

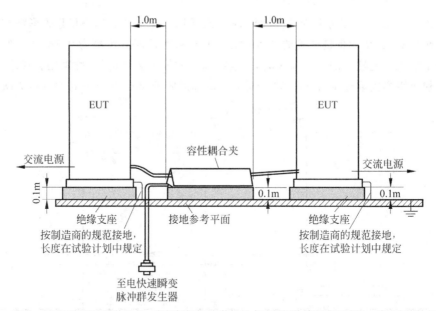

说明：对于不提供电缆的设备，宜根据操作/安装指导书或最坏的情况进行试验。试验电缆的长度通常由产品委员会决定。

图 3-43　利用容性耦合夹进行试验的配置实例

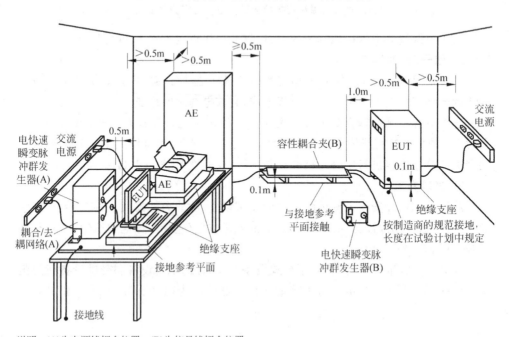

说明：(A)为电源线耦合位置；(B)为信号线耦合位置。

图 3-44　用于实验室形式试验的布置示例

设备和耦合装置间的电缆是可拆卸的,应使其尽可能短,以符合本章中的要求。如果制造商提供的电缆长度超过耦合装置和受试设备进线点间的距离,应捆扎超出部分并放置在参考地平面上方 0.1m 处。以容性耦合夹作为耦合装置时,应在辅助设备侧捆扎超出部分。不进行试验且互连线缆长度小于 3m 的 EUT 部件应放置在绝缘支撑上。受试设备部件间的距离应为 0.5m。应捆扎超出长度的线缆。当实际条件无法满足上述距离时,可使用其他距离并应在试验报告中记录。

台式设备和通常安装于天花板或者墙壁的设备以及嵌入式设备应按受试设备放置在接地参考平面上方(0.1±0.01)m 处试验。

大型的台式设备或多系统的试验可按落地式进行,应维持与台式设备试验布置相同的距离。

试验发生器和耦合/去耦网络应与参考接地平面搭接。

接地参考平面应为一块厚度不小于 0.25mm 的金属板(铜或铝);也可以使用其他的金属材料,但其厚度至少应为 0.65mm。

接地参考平面的最小尺寸为 0.8m×1m。其实际尺寸取决于受试设备的尺寸。

接地参考平面的各边至少应比受试设备超出 0.1m。

因安全原因,接地参考平面应与保护接地相连接。

受试设备应该按照设备安装规范进行布置和连接,以满足它的功能要求。

除了接地参考平面,受试设备和所有其他导电性结构(包括发生器、辅助设备和屏蔽室的墙壁)之间的最小距离应大于 0.5m。

与受试设备相连接的所有电缆应放置在接地参考平面上方 0.1m 的绝缘支撑上。不经受电快速瞬变脉冲的电缆布线应尽量远离受试电缆,以使电缆间的耦合最小化。

受试设备应按照制造商的安装规范连接到接地系统上,不允许有额外的接地。

耦合/去耦网络连接到接地参考平面的接地电缆,以及所有的搭接所产生的连接阻抗,其电感成分要小。

在使用耦合夹时,除耦合夹和受试设备下方的接地参考平面外,耦合板和所有其他导电性表面(包括发生器)之间的最小距离为 0.5m。

应采用直接耦合或容性耦合夹施加试验电压。试验电压应逐个耦合到受试设备的所有端口,包括受试设备两单元之间的端口,除非设备单元之间互连线的长度达不到进行试验的基本要求。

4. 模拟手的端接

设备的患者耦合点、手持式部件和手持式设备,应端接模拟手和 RC 元件。模拟手和 RC 元件模拟了从操作者到地的耦合路径,并要求在试验期间实现这个耦合路径。模拟手模拟操作者的电容耦合作用,RC 元件模拟操作者对地的射频阻抗。在使用模拟手时应注意患者耦合点是否存在患者与对地的射频路径,例如:脂肪秤、牙科椅、血压袖带在使用时不存在患者射频路径,则在试验时均不需要接模拟手。手持式部件若不存在电路结构或电路线缆连接,则不需要端接模拟手。例如:牙科椅气动牙科手机等无源部件。

3.9 浪涌(冲击)抗扰度试验

3.9.1 试验目的

浪涌(冲击)抗扰度试验是模拟自然界的雷击和输电线路中开关动作产生的许多高能量的脉冲对供电线路和通信线路的影响。雷击或开关动作可以在电网或通信线上产生暂态过电压或过电流,通常将这种过电压或过电流称作浪涌。浪涌呈脉冲波形,其波前时间为数微秒,脉冲半峰值时间从几十微秒到几百微秒,幅度从几百伏到几万伏,或从几百安到上百千安,是一种能量较大的骚扰。浪涌可能引起电子电气设备的数据失真和丢失,甚至造成电子设备损坏。浪涌抗扰度试验是模拟:①雷电击中外部(户外)线路,有大量电流流入外部线路或接地电阻,因而产生的干扰电压;②间接雷击(如云层间或云层内的雷击)在外部线路上感应出的电压和电流;③雷电击中线路附近物体,在其周围产生的强大电磁场,在外部线路上感应出电压;④雷电击中附近地面,地电流通过公共接地系统时所引进的干扰。

浪涌试验就是为了验证电气和电子设备对由开关或雷击作用所产生的有一定危害电平的浪涌电压的承受能力。

3.9.2 试验原理

通过 $1.2/50\mu s$ 组合波发生器产生的浪涌波形来模拟设备在实际使用中遭受的浪涌电压。图 3-45 为 $1.2/50\mu s$ 组合波发生器的电路原理图。

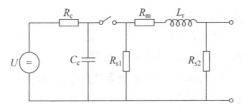

图 3-45 组合波发生器线路简图

U—高压源;R_c—充电电阻;C_c—储能电容;R_s—脉冲持续时间形成电阻;

R_m—阻抗匹配电阻;L_r—上升时间形成电感

选择合适的 R_{s1},R_{s2},R_m,L_r 和 C_c 参数,使组合波发生器产生 $1.2/50\mu s$ 的电压浪涌波形(开路状态)和 $8/20\mu s$ 的电流浪涌波形(短路情况)。发生器开路时提供电压波,发生器短路时提供电流波,其波形分别如图 3-46 和图 3-47 所示。

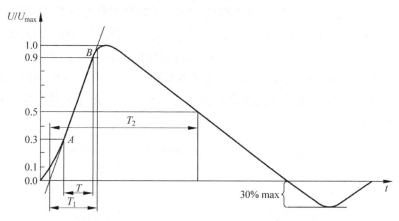

波前时间：$T_1 = 1.67 \times T = 1.2 \times (1 \pm 30\%)\mu s$
半峰值时间：$T_2 = 50 \times (1 \pm 20\%)\mu s$
说明：耦合/去耦网络输出端的开路电压波形可能存在较大的下冲。

图 3-46　开路电压波形(1.2/50μs)

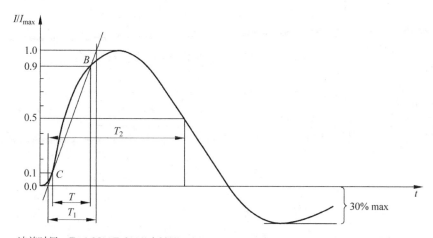

波前时间：$T_1 = 1.25 \times T = 8 \times (1 \pm 20\%)\mu s$
半峰值时间：$T_2 = 20 \times (1 \pm 20\%)\mu s$
说明：30%的下冲规定只适用于发生器的输出端。在耦合/去耦网络的输出端,对下冲或过冲没有限制。

图 3-47　短路电流波形(8/20μs)

浪涌波形通过耦合去耦网络施加在交流或直流电源线端口以及信号端口。医用电气设备只对电源端口进行浪涌抗扰度测试,图 3-48 和图 3-49 是单相交/直流线上电容耦合测试配置,图 3-50 和图 3-51 是交流线(三相)上电容耦合的试验配置示例。从图中可以看出,浪涌经电容耦合网络加到电源端上,做线-线和做线-地试验的耦合/去耦网络是不同的,线-线试验的耦合电容是 $18\mu F$;线-地的耦合电路由电容和电阻串联组成,其中电容为 $9\mu F$,电阻为 10Ω。为避免对同一电源供电的非受试设备产生不利影响,并为浪涌波提供足够的去耦阻抗,以便将规定的浪涌施加到受试线缆上,需要使用去耦网络。去耦网络提供较高的反向阻抗阻止浪涌电流反向流回交流或直流电源,但允许交流电源或直流电源的电流进入 EUT。

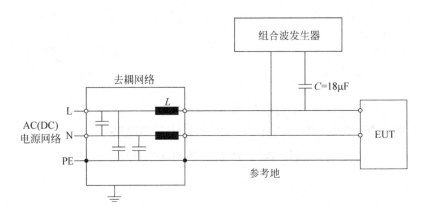

图 3-48 单相交/直流线上电容耦合测试配置:线-线耦合

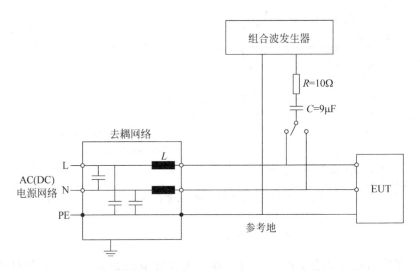

图 3-49 单相交/直流线上电容耦合测试配置:线-地耦合

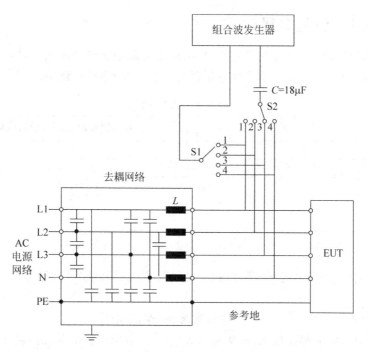

图 3-50 交流线(三相)上电容耦合的试验配置示例：线 L3-线 L1 耦合

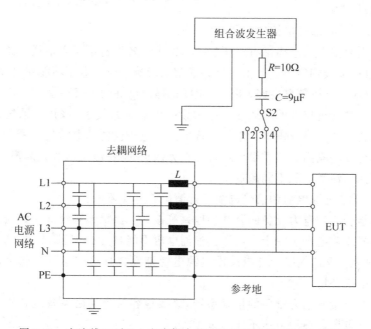

图 3-51 交流线(三相)上电容耦合的试验配置示例：线 L3-地耦合

3.9.3 试验等级

不同的设备对浪涌的敏感度不同,因而需要采用相应的试验方法和不同的试验等级,GB/T 17626.5 给出了优先选择的试验等级范围,见表 3-19。

表 3-19 试验等级

等　　级	开路试验电压($\pm10\%$)/kV
1	0.5
2	1.0
3	2.0
4	4.0
×	特定

注:"×"可以是高于、低于或在其他等级之间的任何等级。该等级可以在产品标准中规定。

试验的严酷等级取决于环境(遭受浪涌可能性的环境)及安装条件,大体分类如下。

(1) 0 类:保护良好的电气环境,常常在一间专用房间内。

所有引入电缆都有过压(一次和二次)保护。各电子设备单元由设计良好的接地系统相互连接,并且该接地系统根本不会受到电力设备或雷击的影响。浪涌电压不能超过 25V。

(2) 1 类:有部分保护的电气环境。

所有引入室内的电缆都有过压(一次)保护。各设备单元由地线网络相互良好连接,并且该地线网络不会受电力设备或雷电影响。浪涌电压不能超过 500V。

(3) 2 类:电缆隔离良好,甚至短走线也隔离良好的电气环境。

设备组合通过单独的地线接至电力设备的接地系统上,该接地系统几乎都会遇到由设备组合本身或雷电产生的干扰电压。电子设备的电源主要靠专门的变压器来与其他线路隔离。本类设备组合存在无保护线路,但这些线路隔离良好,且数量受到限制。浪涌电压不能超过 1kV。

(4) 3 类:电源电缆和信号电缆平行铺设的电气环境。

设备组合通过电力设备的公共接地系统接地。该接地系统几乎都会遇到由设备组合本身或雷电产生的干扰电压。浪涌电压不能超过 2kV。

(5) 4 类:互连线按户外电缆沿电源电缆铺设并且这些电缆被作为电子或电气线路的电气环境。

设备组合接到电力设备的接地系统,该接地容易遭受由设备组合本身或雷电产生的干扰电压。浪涌电压不能超过 4kV。

(6) 5 类:在非人口稠密区电子设备与通信电力和架空电力线路连接的电气

环境。

所有这些电缆和线路都有过压(一次)保护。在电子设备以外,没有大范围的接地系统(暴露的装置)。试验等级4包括了这一类的要求。

(7) ×类:在产品技术要求中规定的特殊环境。

YY 0505中规定医用电气设备或系统,应在交流电源线对地抗扰度试验电平为±0.5kV、±1kV和±2kV,及交流电源线对线的抗扰度试验电平为±0.5kV和±1kV时符合36.202.1j)的要求(见表3-20)。设备和系统的所有其他电缆不直接试验。对本要求符合性的确定,应基于设备或系统每一次浪涌时的响应,并考虑在直接试验电缆和不直接试验电缆之间的任何耦合效应。当仅对电源线和输入至交/直流转换器和电池充电器的交流输入线进行直接试验时,干扰信号从直接试验的电源线和输入线耦合到未直接试验的电缆而导致设备或系统不能满足36.202.1j)要求,认为该设备或系统不能满足YY 0505的抗扰度要求。

表3-20　YY0505对浪涌抗扰度试验电平要求

等　级	线-线/kV	线-地/kV
1	0.5	0.5
2	1.0	1.0
3	/	2.0

3.9.4　试验方法及布置

根据EUT的实际使用和安装条件进行布局和配置,如有辅助设备(AE)需连接相应辅助设备进行测试。

仅对产品电源线和交/直流转换器及电池充电器的交流输入线进行试验,然而,在试验时应连接上所有设备和系统的电缆。对于没有地线或外部接地连接的双重绝缘产品,测试应按与接地设备类似的方法进行,但是不允许添加额外的外部接地连接。如没有其他接地的可能,可以不进行线到地测试。

应在每个电压电平和极性上,对每根电源线在以下的每个交流电压波形相角0°或180°、90°和270°上各施加浪涌五次,当允许在0°和180°两个相角上都试验时,要求只试验其中的一个。

如果重复率比1/min更快的试验使EUT发生故障,而按1/min重复率进行测试时,EUT却工作正常,则使用1/min的重复频率进行测试。

浪涌试验主要是试验电源耐受高能脉冲的能力。在初级电源电路中没有浪涌保护装置的设备和系统,则试验仅在36.202.5中规定的交流电源线对地±2kV和交流线对线±1kV的最高抗扰度试验电平上试验,这将是最不利的情况。在这种情况下,在较低的抗扰度试验电平上试验是不适用的,也不会提供额外信息。但在有争议时,设备或系统应符合 36.202.5a)规定的所有抗扰度试验电平的要求。如果浪涌保护装置安装在设备或系统中,则在较低的抗扰度试验电平上试验来验证浪涌保护装置的正确运行是必要的。

对于没有交流或直流电源输入选件的内部电源供电的设备和系统,该试验不适用。

对于电源输入具有多路电压设定或自动变换电压范围能力的设备和系统,试验应在最小和最大额定输入电压上进行。试验时,设备或系统可以在任何一种名义电源频率下供电。

对于有内部备用电池的设备和系统,应在本条款规定的试验后验证设备或系统仅在网电源供电时继续工作的能力。

考虑到 EUT 电压-电流转换特性的非线性,试验电压应该逐步增加到产品标准的规定值,以避免试验中可能出现的假象(高电压试验时,若 EUT 中有某个薄弱器件击穿,旁路了试验电压,试验得以通过。然而在低电压试验时,则可能由于薄弱器件未被击穿,使得试验电压加在试验设备上,而使试验无法通过)。

实验室的气候条件应该在 EUT 和试验仪器各自的制造商规定的设备正常工作的范围内,如果相对湿度很高,以至于在 EUT 和试验仪器上产生凝露,则不应进行测试。

落地式设备或台式设备和其他配置中的设备,都应放置在接地参考平面上,并用厚度为 0.1m 的绝缘支座与之隔开。

EUT 和耦合/去耦网络之间的电源线/互连线长度不应超过 2m。

试验发生器和耦合/去耦网络应直接放置在参考接地平面上,并与之搭接。

接地参考平面应为一块厚度不小于 0.25mm 的金属板(铜或铝);也可以使用其他的金属材料,但其厚度至少应为 0.65mm。

接地参考平面的最小尺寸为 1m×1m,其实际尺寸取决于受试设备的尺寸。

接地参考平面的各边至少应比受试设备超出 0.1m。

接地参考平面应与保护地相连接。

受试设备应该按照设备安装规范进行布置和连接,以满足它的功能要求。

3.10 射频场感应的传导抗扰度试验

3.10.1 试验目的

该试验用于测试来自 9kHz～80MHz 频率范围内射频发射电磁骚扰的传导骚扰抗扰度。在通常情况下,被干扰设备的尺寸要比频率较低的干扰波(例如 80MHz 以下频率)的波长小很多,相比之下,设备引线(包括电源线及其架空线的延伸,通信线和接口电缆线等)的长度则可能达到干扰波的几个波长(或更长)。设备引线就变成被动天线接受射频场的感应,最终以射频电压或电流形成的近场电磁场影响设备的工作。因此,传导抗扰度测试分为电源端口传导抗扰度测试和信号端口传导抗扰度测试两种,评价电气设备对传导骚扰的抗干扰能力。

3.10.2 试验原理

本部分所涉及的骚扰源,通常指来自射频发射机的电磁场,该电磁场可能作用于连接设备的整条电缆。电缆系统间的敏感设备易受到流经设备的骚扰电流影响,假定连接设备的电缆网络处于谐振的方式($\lambda/4$ 和 $\lambda/4$ 开路或折合偶极子)。由相对于接地参考平面板具有 150Ω 共模阻抗的耦合去耦网络代表这种电缆系统。EUT 可能要连接在两个 150Ω 的共模阻抗之间进行试验:一端提供射频信号;另一端提供电流回路。该试验使 EUT 处于骚扰源模拟实际发射机形成的电场和磁场中,这些骚扰场由图 3-52(a)所示的试验装置产生的电压或电流形成的近区电场和磁场近似表示。如图 3-52(b)所示,用耦合和去耦装置提供骚扰信号给某一电缆,同时保持其他电缆不受影响,只近似于骚扰源以不同的幅度和相位范围同时作用于全部电缆的实际情况。

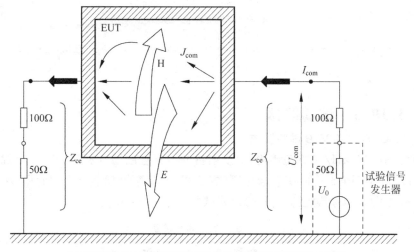

(a)在EUT附近由EUT电缆上的共模电流产生的电磁场的示意图

Z_{ce}—CDN系统的共模阻抗,$Z_{ce}=150\Omega$;
注:100Ω电阻包含在CDN中。左边输入端口由一个(无源)50Ω负载端接,而右边输入端口由试验信号发生器的源阻抗端接。U_0—试验信号发生器源电压(e.m.f.);U_{com}—EUT与参考平面之间的共模电压;I_{com}—通过EUT的共模电流;J_{com}—在EUT的导电平面或其他导体上的电流密度;E,H—电场和磁场。

图 3-52　射频传导骚扰抗扰度试验

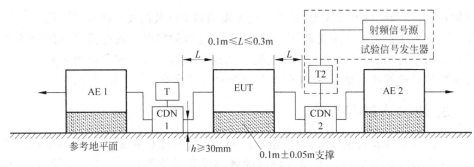

使用CDN的抗扰度试验布置示意图

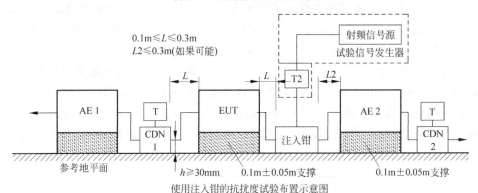

使用注入钳的抗扰度试验布置示意图
(b) 射频传导骚扰抗扰度试验布置示意图

T—端接50Ω负载；T2—功率衰减器(6dB)；CDN—耦合/去耦网络；注入钳—电流钳或电磁钳。

图 3-52 （续）

3.10.3 试验等级

1. GB/T 17626.6 试验要求

在 9～150kHz 频率范围内,对发射机的射频电磁场所引起的感应骚扰不要求测量。在 150kHz～80MHz 频率范围内的试验等级如表 3-21 所示,以有效值(r.m.s.)表示未调制骚扰信号的开路试验电平(e.m.f.)。

表 3-21　试验等级

试验等级	频率范围 150kHz～80MHz	
	电压(e.m.f)	
	$U_0/dB(\mu V)$	U_0/V
1	120	1
2	130	3
3	140	10
×	特定	

注："×"是一个开放等级。

　　1级为低辐射环境,如离电台、电视台1km以上,附近只有小功率移动电话在使用。2级为中等辐射环境,如在不近于1m处使用小功率移动电话,为典型的商业环境。3级为较严酷的辐射环境,如在1m以内使用移动电话,或附近有大功率发射机或工、科、医射频设备在工作,为典型的工业环境。×级为待定级,可由制造商和用户协商;或在产品的技术条件中加以规定。在耦合和去耦装置的受试设备端口上未被调制的骚扰信号的波形如图 3-53(a)所示,测量设备时,该信号用 1kHz 正弦波调幅(80%调制度)来模拟实际骚扰影响,实际的幅度调制如图 3-53(b)所示。

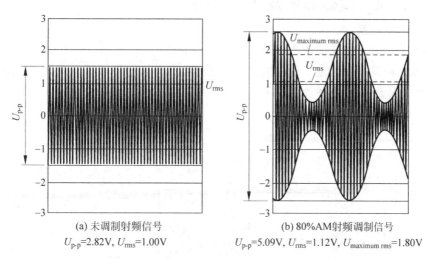

(a) 未调制射频信号
U_{p-p}=2.82V, U_{rms}=1.00V

(b) 80%AM射频调制信号
U_{p-p}=5.09V, U_{rms}=1.12V, $U_{maximum rms}$=1.80V

图 3-53　测试等级 1 时,耦合设备 EUT 端口开路电压波形

2. YY 0505 要求

1) 非生命支持的设备和系统

非生命支持的设备和系统,在 $3V_{rms}$ 抗扰度试验电平上符合 36.202.1 j)的要求。

2) 生命支持设备和系统

生命支持的设备和系统,在 $3V_{rms}$ 抗扰度试验电平上符合 36.202.1 j)的要求,工、科、医设备(ISM)频段内,在 $10V_{rms}$ 抗扰度试验电平上符合 36.202.1 j)的要求。

3) 规定仅用于屏蔽场所的设备和系统

规定仅用于屏蔽场所的设备和系统,在抗扰度试验电平上符合 36.202.1 j)的要求。如果射频屏蔽效能和滤波衰减的技术要求满足 6.8.3.201 c) 2)规定的要求,则该抗扰度试验电平与最低射频屏蔽效能和最小射频滤波衰减的适用的规定值成比例。

4) 用于接收射频电磁能的设备和系统

为其运行目的而需接收射频电磁能的设备和系统,在独占频带内免于

36.202.1 j)的基本性能的要求。然而,在独占频带内,设备或系统应保持安全,并且设备或系统的其他功能应符合上述 1)或 2)条规定的要求(如适用)。在独占频带外,设备和系统应符合上述 1)或 2)规定的要求(如适用)。

5) 内部电源供电设备

在电池充电期间不能使用、包括所有连接电缆的最大长度在内其最大尺寸小于 1m 以及未与地、通信系统、任何其他设备或系统或者患者相连的内部电源设备,免于 36.202.6 的要求。

3.10.4 试验布置及注入方法

1. 试验布置

1) 单个单元构成设备

EUT 应放在参考地平面上方 0.1m 高的绝缘支架上。对于台式设备,参考地平面可以置于桌面上(见图 3-54)。

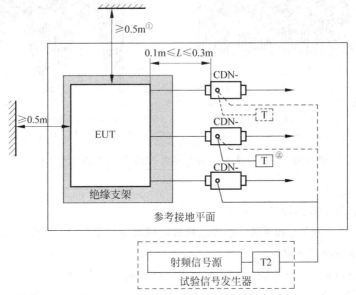

说明:
① EUT 距试验设备以外的金属物体至少 0.5m。
② 不用于注入的 CDN 中只有一个用 50Ω 负载端接,提供唯一的返回路径,所有其他的 CDN 作为去耦网络。

图 3-54 单一单元 EUT 试验布置的举例(顶视图)
T—50Ω 终端阻抗

在全部的被测电缆上,应插入耦合去耦装置。耦合去耦装置应置于参考地平面上距 EUT 0.1~0.3m 处,并与参考地平面直接接触。耦合去耦装置以及 EUT

之间的电缆应尽可能短并且不可捆扎或卷曲,电缆应置于参考地平面上方至少 30mm。基于传输线理论,对位于参考接地平板上方 30mm 的电缆线,则能体现 150Ω 特性阻抗,采用经验值 $L=1\mu H/m,C=50pF/m$(这里指 L 和 C 的单位长度经验值,且设无耗传输),计算公式如下

$$Z = \sqrt{\frac{R+j\omega L}{G+j\omega C}} \approx \sqrt{\frac{L}{C}} = \sqrt{\frac{1\mu H/m}{50pF/m}} = 141\Omega \approx 150\Omega$$

EUT 与 AE 之间的连接电缆应尽可能短。

如果 EUT 具有其他接地端子,当允许时,它们应通过 CDN-M1 连接到参考地平面。

如果 EUT 具有键盘或手持附件,模拟手应放在键盘上或包裹在附件上然后连接到参考地平面。

根据产品委员会的规定,按照 EUT 的工作状态选择所需的 AE,例如,通信设备、调制解调器、打印机、传感器等,以及为保证数据传输和功能评价所必需的 AE,均应通过耦合去耦装置连接到 EUT 上。被测电缆的数量可能是有限的,但所有类型的物理端口均应被注入。

2) 多单元构成的受试设备

相互连接在一起的各单元组成设备,可选择下列方法之一。

(1) 优先法,每个分单元应作为一个 EUT 分别试验,其他所有单元被视为 AE。耦合去耦装置应置于作为 EUT 的分单元的电缆上,全部分单元应依次进行试验。

(2) 代替法,总是由短电缆(即≤1m)互连并作为 EUT 的一部分的分单元,可被认为是一个 EUT。这些互连电缆被视为系统的内部电缆,不再对它们进行传导抗扰度试验。作为 EUT 一部分的各分单元应尽可能相互靠近但不接触,并全部置于绝缘支架上,这些单元的互连电缆也应放在绝缘支架上。所有其他电缆应按要求进行试验。YY0505 规定替代法仅用于单一配置的系统,具体布置见图 3-55。

对于多单元构成受试设备,YY0505 规定试验时电缆需用合适的 CDN,且在试验期间应使 CDN 正确连接到位,不用于注入信号的所有 CDN 应端接 50Ω 负载(基础标准要求 CDN 中只有一个用 50Ω 负载端接,见后面注入方法)。如果 EUT 有其他接地端子,则应通过耦合/去耦网络 CDN-M1 与参考接地板相连。

如果 EUT 有键盘或手提式附件,那么模拟手应放在该键盘上或缠绕在附件上,并连接到参考接地板上。

设备的患者耦合部件,应端接模拟手和 RC 元件。

手持式设备在正常使用时,手持握部件应使用模拟手进行试验。

所有与 EUT 有关的设备及保证数据传输和性能评估所必需的辅助设备应通过耦合/去耦网络与 EUT 连接,但待试电缆数目应尽可能限制在必不可少的数量范围内。

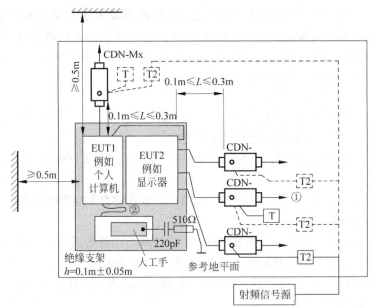

说明：

① 不用于注入的CDN中只有一个用50Ω负载端接，提供唯一的返回路径。所有其他的CDN作为去耦网络。

② 属于EUT的互连电缆(≤1m)应置于绝缘支架上。

图 3-55　多单元构成的受试设备布置

T—50Ω 终端阻抗；T2—功率衰减器(6dB)

2. 注入方法

1) 当用 CDN 注入时，需要采取以下措施

(1) 如果 AE 是直接连接到 EUT，如图 3-56(a)所示，它们之间的连接没有经过去耦，则 AE 置于位于参考地平面上方 0.1m±0.05m 的绝缘支架上，且通过端接 CDN 来接地。如果有多个 AE 直接连接到 EUT，只有一个 AE 以此方式端接。

(2) 如果 AE 通过一个 CDN 连接至 EUT，并且它的布置一般不会对试验产生重要影响，则它可以依据制造商的安装要求连接至参考地平面。

(3) 一个 CDN 应接在被测端口，端接 50Ω 负载的 CDN 连接在另一个端口，所有其他连接电缆的端口应安装去耦网络，且端接 50Ω 负载，在这种方法中只有一个已端接的 150Ω 的环路。

(4) 被端接的 CDN 的选择应遵循以下优先次序：

① 用于连接接地端子的 CDN-M1；

② 用于电源(Ⅰ类设备)的 CDN-M3、CDN-M4 或 CDN-M5；

③ CDN-S_n(n=1,2,…)。若 EUT 具有多个 CDN-S_n端口，应使用最靠近所选

注入点的端口(最短的几何距离);

④ 用于电源(Ⅱ类设备)的 CDN-M2;

⑤ 连接到最靠近所选注入点的端口(最短的几何距离)的其他 CDN。

(5) 如果 EUT 只有一个端口,此端口连接到 CDN 用于注入。

(6) 如果 EUT 有两个端口但只有一个端口可以连接 CDN,另一端口应连接到 AE,该 AE 的一个端口按照上述优先次序连接到一个端接 50Ω 负载的 CDN,该 AE 的所有其他连接应去耦,见图 3-56(a)。如果连接到 EUT 的 AE 在试验过程中出现错误,则应在 AE 与 EUT 之间连接一个去耦装置(最好是插入一个已端接的电磁钳),见图 3-56(b)。

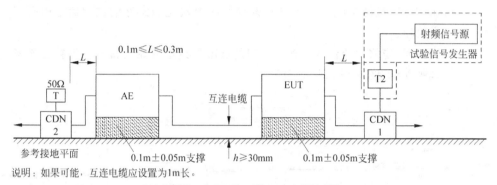

(a) 仅连接一个CDN的二端口EUT布置示意图

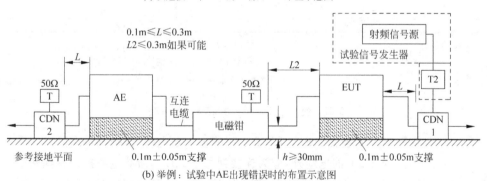

(b) 举例:试验中AE出现错误时的布置示意图

图 3-56　二端口 EUT 的抗扰度试验(使用一个 CDN 时)

T—50Ω 负载;T2—功率衰减器(6dB);CDN——耦合去耦网络

(7) 如果 EUT 有多于两个端口但只有一个端口可以连接 CDN,它应按照两端口 EUT 所描述的方法进行试验,但 EUT 的所有其他端口应进行去耦处理。如上所述,如果连接到 EUT 的 AE 在试验过程中出现错误,则应在 AE 与 EUT 之间连接一个去耦装置(最好是端接一个电磁钳)。

CDN 需与 EUT 距离为 0.1～0.3m,设备电源线长度一般在 1～3m,根据 GB/T17626.6 条款 7.6 中说明,耦合和去耦装置与受试设备的线缆尽可能短,不能盘绕也不能捆扎,一般建议采取剪短线或者用短线替代原电源线方式注入,以减少电源线引起的注入衰减。

2）当满足共模阻抗要求时的钳注入应用

当使用钳注入法时,AE 的配置应呈现尽可能接近要求的共模阻抗,每个 AE 应尽可能体现实际使用时的安装条件。为了尽可能满足所需的共模阻抗要求,应采取以下措施:

- 每个 AE 应置于参考地平面上方 0.1m 高的绝缘支架上。
- 钳应置于被测电缆上。将电平设置程序中预先确定好的试验信号电平提供给钳。
- 试验时,应将电流注入钳输入端口的屏蔽层或电磁钳的接地柱连接至参考地平面(见图 3-57 和图 3-58)。

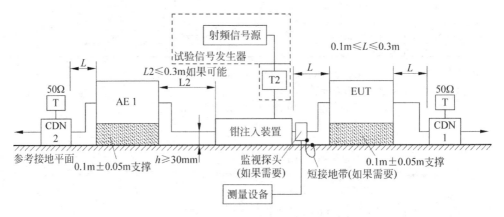

图 3-57 使用钳注入装置的试验布置一般原则

- 去耦网络应安装在 AE 与 EUT 之间的每一条电缆上,被测电缆除外。
- 除连接到 EUT 的电缆外,应为连接到每个 AE 的所有电缆提供去耦网络。
- 连接到每个 AE 的去耦网络(除了在 EUT 和 AE 之间的)距 AE 的距离不应超过 0.3m(距离：L2)。AE 与去耦网络之间的电缆或 AE 与注入钳之间的电缆既不捆扎,也不盘绕,且应保持在高于参考地平面 30mm 的高度。
- 被测电缆一端是 EUT,另一端是 AE。EUT 可以使用 CDN 连接到多个 AE;然而,在 EUT 和多个 AE 之间应只有一个 CDN 端接 50Ω 负载。应遵循优先次序选择被端接的 CDN。
- 当使用多个注入钳时,逐一在每根被测电缆上进行注入,未进行注入的被测电缆应按照要求进行去耦处理。

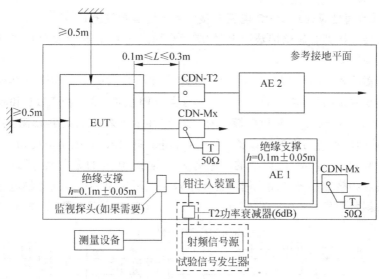

图 3-58 位于接地平面上的试验单元使用钳注入的举例(俯视图)

3) 当不满足共模阻抗要求时的钳注入应用

当使用钳注入且在 AE 一侧不满足共模阻抗要求时,AE 的共模阻抗必须小于或等于 EUT 的被测端口的共模阻抗,否则,在 AE 端口应采取措施(例如,使用 CDN-M1 或从 AE 到地之间加 150Ω 电阻),以满足此条件并防止谐振。

- 每种 AE 和 EUT 应尽可能接近实际运行的安装条件。例如,将 EUT 连接到参考地平面上或者将其放在绝缘支架上(见图 3-58)。
- 将电流监视探头(具有低插入损耗)插入注入钳和 EUT 之间,监视由感应电压产生的电流。如果电流超过下面给出的电路额定值 I_{max},应减小试验信号发生器电平,直到测得的电流等于 I_{max} 值:

$$I_{max} = U_0 / 150\Omega \qquad (3-3)$$

在试验报告中应记录施加修正后的试验电压值。

为保证重现性,在试验报告中应充分地描述试验配置。

4) 直接注入的应用

当使用直接注入电缆屏蔽层时,应采取以下措施:

- EUT 应置于距参考地平面 0.1m 高度的绝缘支架上。
- 在被测电缆上,去耦网络应位于注入点和 AE 之间,尽可能靠近注入点。第二个端口应使用 150Ω 负载端接(CDN 用 50Ω 负载端接)。应按照优先次序选择此端口。在所有其他附属于 EUT 的电缆上应安装去耦网络(当端口开路,CDN 可以认为是去耦网络)。
- 注入点应位于参考地平面上方,从 EUT 的几何投影到注入点之间的距离为 0.1～0.3m。

• 试验信号应通过100Ω电阻直接注入电缆屏蔽层上。

当直接连接到金属箔屏蔽层上时,应适当加以注意,以确保良好的连接来产生可靠的试验结果。

对于钳注入,GB/T17626.6第7章明确了钳注入测试中分为满足共模阻抗和不满足共模阻抗两种,通常为了满足150Ω共模阻抗模型,需把EUT和辅助设备端连接CDN。这时可以选择电流钳或电磁钳注入。若不满足共模阻抗要求,如EUT或辅助设备为内部电源设备,建议选择电磁钳注入,原因是电磁钳(与常规电流注入钳相比)在10MHz以上的频率有大于等于10dB的方向性,所以在辅助设备的共模点和接地参考平面之间不再要求规定的阻抗,10MHz以上的电磁钳特性与耦合去耦装置相似。GB/T17626.6也给出了电磁钳去耦系数,见图3-59。

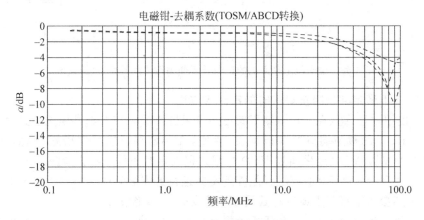

图 3-59 三种电磁钳去耦系数

YY 0505要求医用电气设备患者耦合电缆应使用电流钳注入,只有电流钳不适用情况下使用电磁钳。患者耦合点应端接模拟手,然后用510Ω和220pF电容串联的RC元件连接到参考地平面,来模拟高阻抗射频路径。对于患者耦合电缆端无法提供150Ω辅助设备阻抗,用电流钳注入,患者耦合端不去耦也符合了实际情况。所有患者耦合电缆应逐个地或成束地进行试验。对于非患者耦合电缆的测试,如EUT互连线、I/O线、适配器输出线等应遵循电磁钳优先原则。

3.11 电压暂降、短时中断和电压变化的抗扰度试验

3.11.1 试验目的

电压暂降是指供电电压突然下降,跌幅大于10%～15%,持续时间为0.5～50周期,持续期后恢复正常。短时中断是指供电电压消失一段时间,可以认为是

100％幅值的电压瞬时跌落。电压变化是指供电电压逐渐变得高于或者低于额定电压,变化的持续时间相对于周期来说可长可短。电压暂降、短时中断和电压变化可能会对电子电气设备造成接触器跳闸、电压调整器误动作、逆变器转换失败等后果。电压暂降、短时中断和电压变化测试的目的就是评价电气设备与电网连接时,承受电网中电压跌落、短时中断和电压变化的能力。

3.11.2 试验原理

电压暂降、短时中断是由电网、电力设施的故障(主要是短路),或负荷突然出现大的变化引起的。在某些情况下会出现两次或更多次连续的暂降或中断。电压变化是由连接到电网的负荷连续变化引起的,这些现象本质上是随机的,为了在实验室进行模拟,可以用额定电压的偏离值和持续时间来最低限度地表述其特征,目的是考察 EUT 在实际使用中对类似干扰的抗干扰能力。

通常此项实验由变压器和电子开关共同组成发生器,其中变压器用来实现输出电压的调节控制,电子开关用来完成输出电压的切换。

用 EUT 制造商规定的,最短的电源电缆把 EUT 连接到试验发生器上进行试验。如果无电缆长度规定,则应是适合于 EUT 所用的最短电缆。试验原理如图 3-60 所示。

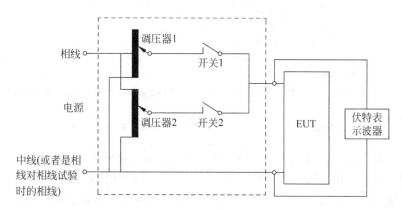

图 3-60 采用调压器和开关进行电压暂降、短时中断和电压变化的试验原理图

3.11.3 试验等级

GB/T 17626.11 规定了与低压供电网连接的设备对电压暂降、短时中断和电压变化的抗扰度试验等级范围,如表 3-22 和表 3-23 所示。

表 3-22　电压暂降试验优先采用的试验等级和持续时间

类别①	电压暂降的试验等级和持续时间(t_s)（50Hz/60Hz）				
1 类	根据设备要求依次进行				
2 类	0% 持续时间 0.5 周期	0% 持续时间 1 周期	70% 持续时间 25/30 周期③		
3 类	0% 持续时间 0.5 周期	0% 持续时间 1 周期	40% 持续时间 10/12 周期③	70% 持续时间 25/30 周期③	80% 持续时间 250/300 周期③
×类②	特定	特定	特定	特定	特定

注：① 分类依据 GB/T18039.4。

② "×类"由有关的标准化技术委员会进行定义,对于直接或者间接连接到公共网络的设备,严酷等级不能低于 2 类的要求。

③ "10/12 周期"是指"50Hz 试验采用 10 周期"和"60Hz 试验采用 12 周期"。

"25/30 周期"是指"50Hz 试验采用 25 周期"和"60Hz 试验采用 30 周期"。

"250/300 周期"是指"50Hz 试验采用 250 周期"和"60Hz 试验采用 300 周期"。

表 3-23　短时中断试验优先采用的试验等级和持续时间

类别①	短时中断的试验等级和持续时间(t_s)（50Hz/60Hz）
1 类	根据设备要求依次进行
2 类	0%持续时间 250/300 周期③
3 类	0%持续时间 250/300 周期③
×类②	×

注：① 分类依据 GB/T18039.4。

② "×类"由有关的标准化技术委员会进行定义,对于直接或者间接连接到公共网络的设备,严酷等级不能低于 2 类的要求。

③ "250/300 周期"是指"50Hz 试验采用 250 周期"和"60Hz 试验采用 300 周期"。

对于医用电气设备,YY0505 规定的具体试验电平如下:

额定输入功率为 1kVA 或低于 1kVA 的所有设备和系统以及所有生命支持设备和系统,应在表 3-24 规定的抗扰度试验电平上符合 36.202.1j)的要求。对于额定输入功率大于 1kVA,且额定输入电流小于或等于每相 16A 的非生命支持设备和系统,只要设备或系统保持安全,不发生组件损坏并通过操作者干预可恢复到实验前状态,则允许在表 3-24 规定的抗扰度试验电平上偏离 36.202.1j)的要求。额定输入电流超过每相 16A 的非生命支持设备和系统,免于表 3-24 规定的试验。

只要设备或系统保持安全,不发生组件损坏并通过操作者干预可恢复到试验前状态,则允许设备和系统在表 3-25 规定的抗扰度试验电平上偏离 36.202.1j)的要求。

表 3-24 电压暂降的抗扰度试验电平

电压试验电平 U_T/(%)	电压暂降 U_T/(%)	持续时间/周期
<5	>95	0.5
40	60	5
70	30	25

注：U_T 指施加试验电平前的交流网电压。

表 3-25 电压中断的抗扰度试验电平

电压试验电平 U_T/(%)	电压暂降 U_T/(%)	持续时间/s
<5	>95	5

注：U_T 指施加试验电平前的交流网电压。

本试验以设备的额定工作电压作为规定电压试验等级的基础。当设备有一个额定电压范围时，应采用以下规定：

（1）如果额定电压的范围不超过其低端电压值的 20%，则在该范围内可规定一个电压作为试验等级的基准。

例如：额定电压为 220~240V，范围：20V<44V＝220×20%，则在此种情况下可选取 220~240V 范围内的任一电压作为试验等级的基准。

（2）在其他情况下，应在额定电压范围规定的最低端电压和最高端电压下试验。

例如：额定电压为 110~240V，则在此种情况下需要选取 110V 和 240V 两个电压作为试验等级的基准。

3.11.4 试验方法及布置

（1）多相设备和系统应逐相进行试验，即对每一相分别独立进行试验。

（2）试验电压应步进式改变并从过零点开始。对多相设备和系统，过零点应参照受试相。即对于不同的电压试验电平（占电压峰值的比例分别小于 5%、等于 40%、等于 70%时）都要进行试验。

（3）拟使用交/直流转换器的直流电源输入的设备和系统，应使用符合设备或系统制造商技术要求的转换器进行试验。抗扰度试验电平应施加于转换器的交流电源输入端。

（4）对于电源输入具有多路电压设定或自动变换电压范围能力的设备和系统，应以最小和最大额定输入电压进行试验。试验应在最小额定电源频率下进行。例如，某设备的供电参数标称为 AC100~240V，50/60Hz，则试验应在 AC100V/50Hz 和 AC240V/50Hz 两种供电方式下分别试验。

(5) 对于有内部备用电池的设备和系统,应在表 3-24 和表 3-25 规定的试验后验证设备或系统仅在网电源供电时继续工作的能力。对于有内部电池供电的产品,一般能顺利通过电压跌落试验,在网电源供电电压不足时,设备能自动切换到内部电池供电而不影响正常工作。

(6) EVT 应按每一种选定的试验等级和持续时间组合,顺序进行 3 次电压暂降或中断试验,最小间隔为 10s。

3.12 工频磁场抗扰度试验

3.12.1 试验目的

工频磁场是由导体中的工频电流产生的,或极少量的由附近的其他装置(如变压器的漏磁通)所产生。在有电流流过的地方都伴有磁场,由于实际工作中磁场的产生有两种方式:一是由正常的工作电流所产生的稳定的、场强相对较小的磁场;另一种是由非正常的工作电流所产生的持续时间短但场强很大的磁场。

工频磁场主要对那些对工频磁场敏感的设备产生影响,不是所有的设备都受到影响,例如:计算机的 CRT 监视器、电子显微镜等这类设备,在工频磁场的作用下会产生电子束的抖动;电度表等这类的设备,在工频磁场的作用下会产生程序紊乱、内存数据丢失和计度误差;内部由霍尔元件等这类对磁场敏感的元器件所构成的设备,在工频磁场的作用下会产生误动作(例如电感式开关,在磁场的作用下可能会出现定位不准确)。工频磁场试验就是检验 EUT 处于与其特定位置和安装条件(例如设备靠近骚扰源)相关的工频磁场时,对磁场骚扰的抗扰度能力。

3.12.2 试验原理

工频试验磁场由流入感应线圈中的电流产生,然后通过浸入法或邻近法将试验磁场施加到受试设备,试验磁场波形为工频正弦波形。

工频磁场是由导体中的工频电流产生的,或极少量的由附近的其他装置(如变压器的漏磁通)所产生,应当区分以下两种不同情况:

(1) 正常运行条件下的电流,产生稳定的磁场,幅值较小;

(2) 故障条件下的电流,能产生幅值较高、但持续时间较短的磁场,直到保护装置动作为止(熔断器动作时间按几毫秒考虑,继电器保护动作按几秒考虑)。

3.12.3 试验等级

根据基础标准 GB/T 17626.8,稳定持续和短时作用的磁场试验等级如表 3-26 和表 3-27 所示。

表 3-26 稳定持续磁场试验等级

等　　级	磁场强度/(A/m)
1	1
2	3
3	10
4	30
5	100
×	特定

注:"×"是一个开放等级,可在产品规范中给出。

表 3-27 1～3s 的短时试验等级

等　　级	磁场强度/(A/m)
1	—
2	—
3	—
4	300
5	1000
×	特定

注:"×"是一个开放等级,可在产品规范中给出。

根据安装的实际情况和环境条件,磁场试验的等级选择导则如下。

(1) 1 级:有电子束的敏感装置能使用的环境水平。

监视器、电子显微镜等是这类典型装置。

(2) 2 级:保护良好的环境。

这类环境的特征是:不存在如变压器等可能产生漏磁通的电气设备;不受高压母线的影响。远离雷电接地保护系统、办公机械和医用设备等受保护的区域、工业设备区和高压变电站等区域为这类环境的代表。

(3) 3 级:受保护的环境。

商业区、控制楼、非重工业区以及高压变电站的计算机室为这类环境的代表。其特征是:有可能产生漏磁通或磁场的电气设备或电缆;有邻近保护系统的接地回路导体的区域;有远离有关设备的中压和高压母线。

(4) 4 级:典型的工业环境。

这类环境的特征是:有短支路电力线如母线;有可能产生漏磁通的大功率电气设备;有保护系统的接地导体;有与有关设备相对距离为几十米的中压回路和高压母线。重工业厂矿和发电厂的现场以及高压变电站的控制室可作为这类环境的代表。

(5) 5 级：严酷的工业环境。

这类环境的特征是：载流量为数十千安的线路、中压和高压母线；有保护系统的接地导线；有邻近中压和高压母线的区域；有邻近大功率电气设备的区域。重工业厂矿的开关站、中压和高压变电站可作为这类环境的代表。

工频磁场试验的试验等级和试验时间根据稳定和短时的两种情况来确定。YY 0505 规定，选用连续场试验等级 3A/m 作为试验等级，在试验电平上符合 36.202.1j)的要求，不进行短时试验，除非医疗器械安全专用标准里有特殊的试验规定，如输液泵专标规定试验等级为 400A/m 的短时试验。

3.12.4 试验方法及布置

1. 浸入法

对于台式受试设备，根据 GB/T 17626.8，按图 3-61(a)、(b)所示的布置，使其置于标准尺寸(1m×1m)的感应线圈产生的试验磁场中；试验体积由线圈的试验面积(每条边的 60%×60%)乘以高度(对应于线圈较短一边的 50%)来决定。随后感应线圈应旋转 90°，以使其暴露在不同方向的试验磁场中。

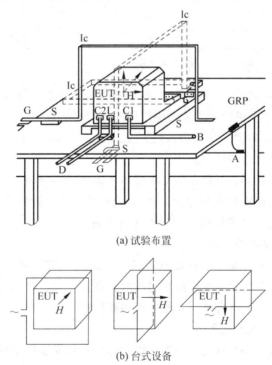

(a) 试验布置

(b) 台式设备

图 3-61 台式设备的试验布置

GRP—接地平面；A—安全接地；S—绝缘支座；EUT—受试设备；Ic—感应线圈；C1—供电回路；
C2—信号回路；L—通信线路；B—至电源；D—至信号源、模拟器；G—至试验发生器

按照标准 GB/T17626.8 的规定,试验线圈需要接地平板作为其中一边的电流回路,现在大多数实验室不采用此种方法,此种方法因此只能是单匝线圈,当作高等级大电流时,需要的供电电流较大,电流磁场转化效率很低,在金属接地平板中有大电流比较危险。目前实验室使用的线圈基本上是闭环线圈,不需要通过接地板回流,一般采用 10 匝、20 匝以上的正方形磁场线圈,此种线圈不需要依赖接地平板,使用较为方便,具体布置见图 3-61(b)。

对于立式受试设备,按图 3-62 所示的布置,使其处于规定的适当大小的感应线圈所产生的试验磁场中。试验应通过移动感应线圈来重复进行,以试验受试设备的整个体积在不同垂直方向的情况,以线圈最短边的 50% 为步长,将线圈沿受试设备的侧面移动到不同的位置重复进行(以线圈最短一边的 50% 为步长移动感应线圈,产生重叠的试验磁场)。为了使受试设备暴露在不同方向的试验磁场中,感应线圈应旋转 90°接着按相同的过程进行试验。

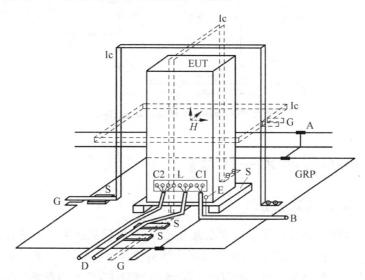

图 3-62 立式设备的试验布置

GRP—接地平面;A—安全接地;S—绝缘支座;EUT—受试设备;Ic—感应线圈;E—接地端子;
C1—供电回路;C2—信号回路;L—通信线路;B—至电源;D—至信号源、模拟器;G—至试验发生器

(1) 应在 50Hz 和 60Hz 两频率上进行,除非设备和系统规定仅用其中的一个,只需在该频率上试验。在任一情况下,在试验期间设备或系统应以与施加的磁场相同的频率供电。

(2) 如果设备或系统是内部电源供电或由外部直流电源供电,则应在 50Hz 和 60Hz 两频率上进行。除非设备和系统预期仅在一个频率的供电区内使用,只需在该频率上进行试验。且试验时,设备或系统可以任一标称电源电压来供电。

注：为了实验人员的人身安全，应根据人体暴露的要求注意安全，如果没有人体暴露的要求，建议人与设备之间采用2m的安全距离。

试验配置有受试设备、试验发生器、感应线圈。如果试验用磁场附近有敏感设备，有可能被磁场骚扰，则应采取预防措施。

2. 邻近法

当有较大受试设备大于工频线圈尺寸时，产品专标需规定使用1m×1m尺寸的线圈邻近法试验或制定一个适合产品尺寸的工频线圈以满足浸入法要求，但事实上不可能根据产品尺寸定制各种尺寸工频线圈，这时邻近法可以作为有效的替代方法，但不是可以满足可重复性的方法，具体见图3-63。

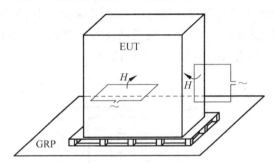

图 3-63　用邻近法探测磁场敏感性

3.13　电外科手术干扰试验

3.13.1　试验目的

高频手术设备是现代手术的常用设备，是一种取代机械手术刀进行组织切割的电外科手术器械，它是利用高频电流对人体组织直接进行切割、止血或烧灼的一种高频大功率电气设备。由于电刀频率高、电流密度大，产生的高频电压和电流会对手术室内的其他医疗设备产生干扰，进而影响医生在手术过程中的诊断以及手术的准确性和安全性。另外，手术中的病人一般处于麻醉无知觉状态，一旦用于病人的诊疗和监护设备受到干扰，将会造成严重的后果，甚至引起病人的生命危险。高频手术设备在启动时具有固有的干扰，其输出的功率水平和谐波含量对于有效地执行临床功能是必要的，并且高频发射经常高于GB 4824现有限制。然而，由于高频手术设备的临床利益大于干扰风险，且高频手术设备通常仅以短时间工作，因此，这种设备的辐射发射和传导发射测量仅规定其待机状态符合36.201的要求即可。因此，对于和高频手术设备同时用在手术室中的其他医疗电气设备来说，模拟与高频手术设备患者电路直接连接的专门试验是有必要的。

3.13.2 试验原理

1. 干扰信号的来源

高频手术设备工作的基本原理是由高频电刀产生的高频电流通过肌体的热效应而达到电凝和切割的手术目的的,其工作频率很高,通常在300~5000kHz之间,输出功率在300W左右。高频电刀产生的干扰是非单一的复杂干扰,既包含电源产生的50Hz低频干扰(又称工频干扰),又有高频的电磁辐射干扰,但以高频的电磁辐射干扰为主。另外,高频电刀在开、断的瞬间会产生一系列的时间短、频率高的超高频率脉冲,此脉冲信号对其周围的医疗设备也存在着严重的干扰。

2. 干扰原理及耦合路径

1)空间辐射

手术时,高频手术设备的治疗电流经附件电缆流向患者,再经附件电缆返回设备,这些线路具有不同形式、尺寸和布局。电流的流动就会产生辐射电场和磁场,这些高频和高密度电流产生的电场和磁场会耦合到周围其他设备的附件电缆或电源电缆中。当高频手术设备的附件电缆紧挨着并平行于其他设备的附件电缆,电场耦合的情况最恶劣,尤其在临床环境下进行拉弧操作时,电场耦合更厉害。当高频手术设备的附件电缆散得很开而形成一个大的环形回路,且其他设备的附件电缆又接触到处于环路中的患者时,磁场耦合最为恶劣。一般而言,电场耦合在较高频率(几十到几百兆赫兹)下更严重,磁场耦合在较低频率下更严重。

2)患者传导

高频手术设备在进行切割和凝血时,用于患者的治疗电流会在患者身上产生一个电压,该电压可以耦合到其他设备上,这种耦合可以是直接的,也可以是容性的。直接耦合可加到测量患者电压的设备,如心电图(electrocardiograph,ECG)、脑电图(electroencephalograph,EEG)等输入端,当设备电缆或传感器(如脉冲式血氧计探头、侵入式血压变送器、温度探头、摄像系统)密切接触患者时可出现容性耦合,这两种耦合方式还可能组合在一起。加到患者身上的电压值强烈依赖于高频手术设备的运行模式。双极模式使用的峰-峰电压为几十到几百伏,不产生火花或只产生一点点火花。切割模式使用的峰-峰值电压从几百到几千伏,且产生很小火花。单极凝模式使用的峰-峰值电压从几千伏到14kV且经常带有较大火花。虽然通常只有一部分高频电压耦合进其他设备,但对于那些毫伏或微伏信号电压来说,微弱的有用的信号被淹没在强大的电流噪声信号中。

3)网电源电缆传导

在高频手术设备启动时,高频输出以及当产生高频输出时才工作的高压电源两者与网电源电缆之间的内部耦合,将增大经网电源电缆传导的电磁噪声。该电磁噪声将可能影响到接入同一网电源的其他医疗设备。

3.13.3 试验等级

不同标准对于电外科手术干扰测试的要求不尽相同,表 3-28 分别列出了各标准的具体试验要求。从表 3-28 可以看出电外科手术干扰测试一般按照如下设置进行:设置高频手术设备在切割模式下的功率为 300W,电凝模式下的功率为 100W,工作频率为 400kHz 左右,将手术电极在金属板上慢慢移动产生火花,重复试验 5 次,EUT 处于典型配置的正常工作模式。

表 3-28 电外科手术干扰测试方法

标准号	切割功率/W	电凝功率/W	试验频率	试 验 设 置	符合性要求
YY 0570-2013	400	/	400kHz～1MHz	手术电极和中性电极的引线随意铺设于手术台面的边栏和/或暴露的金属部分	手术台和手术台的遥控装置不应造成安全方面的危险;高频手术设备在开路下的工作不应导致手术台的运动;手术电极和中性电极短路时操作高频手术设备不应导致手术台运动
IEC 60601-2-27 Ed. 3	300	100	400×(1±10%)kHz	任何的患者电缆、连接线、附件或者配置按照厂家推荐的适用,将手术电极接触测试设置的金属板,慢慢移动电极获得电火花,重复 5 次	暴露在高频手术设备所产生的场强之后的 10s 内恢复到原运行模式,且没有任何的存储数据丢失
YY 0667-2008	300	100	450kHz±100kHz	血压模拟器设置为 150mmHg/90mmHg,滤波器设置为最大带宽,将手术电极接触测试设置的金属板,慢慢移动电极获得电火花,重复 5 次	设备应在高频手术设备使用结束后 10s 内恢复到试验前状态,且不会丢失存储的数据
YY 0783-2010	300	100	450kHz±100kHz	血压监护仪设置为 120～150mmHg 范围,任何滤波器设置在宽的频带位置,将手术电极接触测试设置的金属板,慢慢移动电极获得电火花,重复 5 次	暴露在高频手术设备所产生的场强之后的 10s 内恢复到原运行模式,且没有任何的存储数据丢失

3.13.4　试验方法及布置

关于高频外科干扰测试布局各标准大同小异,通过对比分析各标准的布置要求,基本上可按照图 3-64 所示的示意图进行布置试验。其中,高频手术设备到金属板之间的间距 L,不同的标准要求不一样,大部分要求为 3m,只有 YY0667-2008 规定是 1m,且要求金属板至受试设备之间的距离也是 1m。图中的耦合网络也称试验电路,用来模拟实际手术时的患者,不同类受试设备的耦合网络略有差异,一般由 47nF 的电容和 51kΩ 的电阻组成,来模拟电极和患者电阻。另外,耦合网络由一个串有 47nF 电容的线缆连接到保护接地,用来最小化来自不同类型的高频手术设备的影响。值得注意的是,受试设备的电源线应尽量暴露在高频手术设备电极的布线中,且与其保持平行,以保证试验的严酷程度。图 3-65 为某产品具体布置图示例。

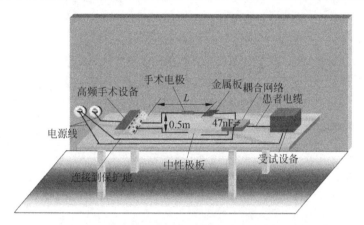

图 3-64　电外科干扰测试布置示意图

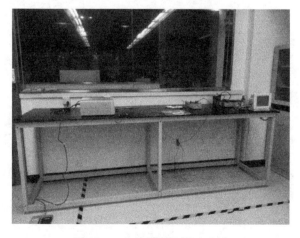

图 3-65　电外科干扰测试示例

3.14　本章小结

　　本章详细阐述了医用电气设备电磁兼容测试项目的试验目的、试验原理、试验限值或试验等级、试验方法及试验布置。同时,介绍了暗室和屏蔽室的性能指标要求。重点介绍了各个试验的测试原理,突出了测试要点及难点,加深了对试验等级、试验方法和试验布置的理解。在阐述过程中增加了具体的案例进行说明,以帮助读者加深对具体测试的理解,具有较强的实践性。

第 4 章

测量、控制和实验室用的
电设备电磁兼容测试

4.1 概述

测量、控制和实验室用的电设备是指为这些专业、工业过程、工业制造和教育使用的电设备。本章节所介绍的设备特指属于医疗设备范畴的测量、控制和实验室用的电设备,主要指实验室用的电设备,例如消毒灭菌设备、显微镜、医用冰箱、体外诊断设备(In Vitro Diagnosis,IVD)等。

非体外诊断的实验室用的电设备电磁兼容要求应该符合标准 GB/T 18268.1《测量、控制和实验室用的电设备电磁兼容性要求 第 1 部分:通用要求》。

体外诊断设备是用于疾病诊断或者其他用途,包括确定健康状况,以便医治、减缓疼痛或预防疾病的仪器和装置,这类设备主要用于收集、准备和检查取自人体的样本。体外诊断设备主要应用于各种医疗用途的实验室,为医学检验和医学诊断提供准确有效的实验结果,属于专用性非常强的实验室设备,鉴于该类设备的特殊性,除了需要满足 GB/T 18268.1 通用标准的要求外,还需满足专用标准 GB/T 18268.26《测量、控制和实验室用的电设备电磁兼容性要求 第 26 部分:特殊要求 体外诊断(IVD)医疗设备》的要求。

4.2 实验室用的电设备试验

4.2.1 试验要求

实验室用的电设备进行试验时,应根据设备的预期使用环境选择对应的抗扰度电平及性能判据,若设备制造商预期规定用于社区小型诊所或类似家庭环境的场所时,则选用表 4-1 的要求;若设备制造商预期规定只用于工业场所或医院等有专用供电设施的场所,则应该选择表 4-2 的要求。

表 4-1　抗扰度试验的基本要求

端口	试验项目	基础标准	试验值	性能判据
外壳	静电放电(ESD) 射频电磁场	GB/T 17626.2 GB/T 17626.3	接触放电 4kV；空气放电 4kV 3V/m(80MHz～1GHz) 3V/m(1.4～2GHz) 1V/m(2.0～2.7GHz)	B A
交流电源 (包括保护 接地)	电压暂降 短时中断 脉冲群 浪涌 射频场感应的传导骚扰	GB/T 17626.11 GB/T 17626.11 GB/T 17626.4 GB/T 17626.5 GB/T 17626.6	0% 半周期 0% 1 周期 70% 25/30^e 周期 0% 250/300^e 周期 1kV(5/50ns,5kHz) 0.5kV^a/1kV^b 3V(150kHz～80MHz)	B B C C B B A
直流电源^d (包括保护 接地)	脉冲群 浪涌 射频场感应的传导骚扰	GB/T 17626.4 GB/T 17626.5 GB/T 17626.6	1kV(5/50ns,5kHz) 0.5kV^a/1kV^b 3V(150kHz～80MHz)	B B A
I/O 信号/ 控制(包括 功能接地 连接线)	脉冲群 浪涌 射频场感应的传导骚扰	GB/T 17626.4 GB/T 17626.5 GB/T 17626.6	0.5kV^d(5/50ns,5kHz) 1kV^{b,c} 3V^d(150kHz～80MHz)	B B A
直接与电 源相连的 I/O 信号/ 控制	脉冲群 浪涌 射频场感应的传导骚扰	GB/T 17626.4 GB/T 17626.5 GB/T 17626.6	1kV(5/50ns,5kHz) 0.5kV^a/1kV^b 3V(150kHz～80MHz)	B B A

注：a 线对线。

b 线对地。

c 仅适用于长距离线的情况。

d 仅适用于线路长度超过 3m 的情况。

e "25/30 周期"表示 25 周期适用于额定频率为 50Hz 的试验,30 周期适用于额定频率为 60Hz 的试验。

表 4-2　工业场所用电设备的抗扰度试验要求

端口	试验项目	基础标准	试验值	性能判据
外壳	静电放电(ESD) 射频电磁场 额定工频磁场	GB/T 17626.2 GB/T 17626.3 GB/T 17626.8	接触放电 4kV；空气放电 8kV 10V/m(80MHz～1GHz) 3V/m(1.4～2GHz) 1V/m(2.0～2.7GHz) 30A/m^e	B A A

续表

端口	试验项目	基础标准	试验值	性能判据
交流电源（包括保护接地）	电压暂降	GB/T 17626.11	0%1 周期	B
			40% 10/12^h 周期	C
			70% 25/30^h 周期	C
	短时中断	GB/T 17626.11	0% 250/300^h 周期	C
	脉冲群	GB/T 17626.4	2kV(5/50ns,5kHz)	B
	浪涌	GB/T 17626.5	1kV^a/2kV^b	B
	射频场感应的传导骚扰	GB/T 17626.6	3V^f(150kHz～80MHz)	A
直流电源^g	脉冲群	GB/T 17626.4	2kV(5/50ns,5kHz)	B
	浪涌	GB/T 17626.5	1kV^a/2kV^b	B
	射频场感应的传导骚扰	GB/T 17626.6	3V^f(150kHz～80MHz)	A
I/O 信号/控制（包括功能接地连接线）	脉冲群	GB/T 17626.4	1kV^d(5/50ns,5kHz)	B
	浪涌	GB/T 17626.5	1kV^{b,c}	B
	射频场感应的传导骚扰	GB/T 17626.6	3V^{d,f}(150kHz～80MHz)	A
直接与电源相连的 I/O 信号/控制	脉冲群	GB/T 17626.4	2kV(5/50ns,5kHz)	B
	浪涌	GB/T 17626.5	1kV^a/2kV^b	B
	射频场感应的传导骚扰	GB/T 17626.6	3V^f(150kHz～80MHz)	A

注：a 线对线。

　　b 线对地。

　　c 仅适用于长距离线的情况。

　　d 仅适用于线路长度超过 3m 的情况。

　　e 仅适用于对磁场敏感的设备。当磁场强度大于 1A/m 时，阴极射线管的显示干扰是允许的。

　　f 传导射频试验的试验等级较辐射射频试验的试验等级低，这是由于传导射频试验在每个频率上模拟了谐振状态，因此是一种较严酷的试验。

　　g 设备/系统各部分间的直流连接，如没有连接到直流配电网络，应当作 I/O 信号/控制端口处理。

　　h "25/30周期"表示 25 周期适用于额定频率为 50Hz 的试验，30 周期适用于额定频率为 60Hz 的试验。

　　用于具有受控电磁环境的实验室或试验和测量区域设备有其特殊的抗扰度试验要求，详见 GB/T 18268.1 标准中的"表 3 在受控电磁环境中使用的设备的抗扰度试验要求"。

　　对于发射类测试项目，GB 4824、GB 17625.1（或 IEC 61000-3-12）和 GB 17625.2（或 IEC61000-3-11）标准中给出的限值、测量方法和规定适用于 B 类设备。GB 4824 给出的限值、测量方法和规定适用于 A 类设备，测量标准和试验配置在第 3 章中已有具体描述。

4.2.2 抗扰度试验符合性判据

GB/T 18268.1 与 YY 0505 对于抗扰度试验符合性判据是不同的,该类设备评定抗扰度试验结果的通用原则可以分为三个等级:

性能判据 A:试验时,在规范限值内性能正常。该判据要求电子设备工作可靠性高,在测试时性能不应有偏离制造商所规定的技术规范的明显降级。在没有专标豁免或降级的情况下,YY 0505 的抗扰度符合性判据接近于性能判据 A 的要求。

性能判据 B:试验时,功能或性能暂时降低或丧失,但能自行恢复。该判据要求相较判据 A 有所降低,只要可以达到自行恢复即可接受,例如进行脉冲群试验时显示器出现闪烁、跳动,只要干扰施加结束后闪烁停止,可判定为符合。

性能判据 C:试验时,功能或性能暂时降低或丧失,但需要操作者干预或系统复位。该判据要求最低,例如试验导致过流保护装置断路,由操作者更换或者复位该过流保护装置后可重新正常工作即可接受。

在 GB/T 18268.1 中对抗扰度项目的符合性判据见表 4-1 与表 4-2,不同的测试项目对应不同的性能判据等级。例如,医用冰箱的主机显示与温度传感器的通信信号在进行电快速瞬变脉冲群试验时发生通信中断,导致温度数据无法传输至主机显示屏进行显示,但干扰信号结束后通信立即恢复,这种试验结果应该判定为符合要求;内镜清洗消毒器进行消毒程序的过程中,实施电压暂降(70%,25/30 周期)试验时出现机器中止程序并发出提示,这种情形可以通过人工再次操作后重新进入消毒程序,应该也是判定为符合要求。

测量、控制和实验室设备经常由非固定配置的系统组成。在设备内部,不同组件的种类、数量和安装对于每个系统都可能是不相同的。因而不必对设备每一种可能的配置进行试验,这是合理的,也是标准推荐的。为真实地模拟电磁兼容条件(与发射和抗扰度都有关的),设备组合应按照制造商规定的一种典型安装配置进行型式试验。例如:全自动生化分析仪中的试剂盘、托盘等由不同的配置组成,则只需要挑选制造商规定的一种典型安装配置进行正常试验即可。

4.3 体外诊断设备试验

与常规的医疗设备一样,体外诊断(In Vitro Diagnosis,IVD)设备广泛应用在各种电磁环境中。专业 IVD 设备在典型的卫生保健环境(医院、诊所、医生办公室)中正常工作,自检 IVD 设备应在家庭环境中正常、安全地工作,这就意味着此类设备应该具有与这些环境相适应的基本抗扰度等级。用于其他环境(例如救护车、飞行器、汽车或者直升机)中的设备可能需要更高的抗扰度等级,以确保设备性能的安全有效。本节将通过用最常见的 IVD 产品之一——全自动生化分析仪进行举例讲述 GB/T 18268.26 的测试要求。

4.3.1 试验要求

在某些环境中,大功率的电磁发射源会导致附近的医疗设备发生故障。不同类型的医疗电设备有不同的故障风险等级。由于 IVD 医疗设备不用于患者维持生命或复苏,故障不会直接导致患者死亡或严重受伤。IVD 医疗电设备中的故障可能造成错误的指示值,由此导致错误的治疗诊断(误诊)。对于某些分析物以及在某些情况下,错误的结论会给患者带来严重的伤害。对于大型的 IVD 医疗设备,电磁骚扰也会引起故障,直接威胁到操作者,例如,非预期的机械移动。

使用 IVD 医疗设备的风险与非生命支持设备的风险类似,因此 IVD 医疗设备的抗扰度试验要求参考非生命支持设备进行规定,如表 4-3 所示。

表 4-3 体外诊断(IVD)医疗设备的最低抗扰度要求

端口	试验项目	基 础 标 准	试 验 值
外壳	静电放电(ESD)	GB/T 17626.2	接触放电:2kV、4kV 空气放电:2kV、4kV、8kV
	辐射电磁场	GB/T 17626.3	3V/m,80MHz~2GHz,80%AM
	额定工频磁场[a]	GB/T 17626.8	3A/m,50/60Hz
交流电	电压暂降[d]	GB/T 17626.11	1 周期 0%;5/6 周期 40%;25/30 周期 70%
	电压中断[d]	GB/T 17626.11	5%持续时间:250/300 周期
	脉冲群	GB/T 17626.4	1kV(5/50ns,5kHz)
	浪涌	GB/T 17626.5	线对地:2kV/线对线:1kV
	射频传导	GB/T 17626.6	3V,150kHz~80MHz,80%AM
直流电源[c]	脉冲群	GB/T 17626.4	1kV(5/50ns,5kHz)
	浪涌	GB/T 17626.5	线对地:2kV/线对线:1kV
	射频传导	GB/T 17626.6	3V,150kHz~80MHz,80%AM
I/O 信号[b]	脉冲群	GB/T 17626.4	0.5kV(5/50ns,5kHz)
	浪涌	GB/T 17626.5	无
	射频传导	GB/T 17626.6	3V,150kHz~80MHz,80%AM
接主电源的 I/O 信号	脉冲群	GB/T 17626.4	1kV(5/50ns,5kHz)
	浪涌	GB/T 17626.5	无
	射频传导	GB/T 17626.6	3V,150kHz~80MHz,80%AM

注:a 试验仅适用于潜在对磁性敏感的设备。CRT 显示干扰值允许大于 1A/m。

b 仅适用于电缆长于 3m 的情况。

c 不适用于预期连接到电池或可充电电池(在充电时,要将其从设备中移除或断开)的输入端口,带直流电源输入端口的设备(使用交流-直流电源适配器),应在制造商规定的交流-直流电源适配器的交流输入端口进行试验。若无规定,应采用典型的交流-直流电源适配器。本试验适用于预期永久连接长距离线路的直流电源输入端口。

d "5/6 周期"是指"50Hz 试验时为 5 个周期"和"60Hz 试验时为 6 个周期"。

对于发射类测试项目,按照 GB/T 18268.1 发射要求执行。

4.3.2 性能判据

标准 GB/T 18268.26 中没有对性能判据进行规定,制造商应综合考虑会影响数据结果的运行模式和会影响样品处理和用户接口的运行模式,并通过风险评估的方式来确定每个项目的可接受性能判据。试验后,受试设备的试验结果可能表现为性能判据 A、B 或 C,但不应损害使残余风险保持在可接受范围内所必需的性能特征。残余风险可接受性的评估指南参见 ISO 14971。具体产品不同项目的性能判据等级,应由企业根据风险分析确定。

表 4-3 中适用的抗扰度试验项目应施加于受试设备的每一种工作模式。例如:如果全自动生化分析仪有多种工作模式,则其适用的抗扰度测试项目需要对其每个模式都进行验证并符合相关性能判据要求。

同样以全自动生化分析仪为例,如果全自动生化分析仪在射频电磁场、射频场感应的传导骚扰、工频磁场测试过程中没有发现任何性能的降低,也没有出现机械的卡顿和非预期运动状态的情况,则满足标准性能判据 A 的要求。如果全自动生化分析仪在测试过程中出现显示屏闪烁一下、机械卡顿一下等能自动马上恢复的情况,则符合性能判据 B,根据相应的测试项目判据等级要求判断是否满足要求。如果全自动生化分析仪在测试过程中出现屏幕黑屏、进程中止、机械运动不工作、通信中断、关机等需要人工干预才能恢复到正常工作状态的情况,则属于满足判据 C。

4.3.3 使用说明

相对于 GB/T 18268.1 对说明书没有要求,GB/T 18268.26 还是提了一些基本的信息和警示,要求企业在其说明书中声明。

1. 对 IVD 设备使用说明的要求

IVD 设备所附使用说明中应包含以下信息。

(1) 制造商有责任向顾客或用户提供设备的电磁兼容信息。

(2) 用户有责任确保设备的电磁兼容环境,使设备能正常工作。

2. 自检用 IVD 设备的使用说明

使用说明中应包含下列与电磁兼容有关的预防性警示内容,例如:

(1) 在干燥的环境中,尤其是存在人造材料(人造织物、地毯等)的干燥环境中使用本设备时,可能会引起损坏性的静电放电,导致产生错误的结论。

(2) 禁止在强辐射源旁使用本设备,否则可能会干扰设备正常工作。

3. 专业 IVD 设备的使用说明

使用说明中应包含下列内容:

（1）声明 IVD 设备符合 GB/T 18268 的本部分规定的发射和抗扰度要求。

（2）若发射符合 A 类要求，声明下述警示性内容："本设备按 GB 4824 中的 A 类设备设计和检测。在家庭环境中，本设备可能会引起无线电干扰，需要采取防护措施。"

（3）建议在设备使用之前评估电磁环境。

此外，使用说明书中应包括下述与电磁兼容有关的警示性内容。例如，"禁止在强辐射源（例如非屏蔽的射频源）旁使用本设备，否则可能会干扰设备正常工作。"

4. 全自动生化分析仪说明书举例

这里以 1 组 A 类专业 IVD 设备的全自动生化分析仪为例，提供一份说明书模板供读者学习参考。

注意：

- 全自动生化分析仪符合 GB/T 18268.26 的本部分规定的发射和抗扰度要求，见表 4-4 与表 4-5。
- 用户有责任确保设备的电磁兼容环境，使设备能正常工作。
- 建议在设备使用之前评估电磁环境。

警示：

- 全自动生化分析仪按 GB 4824 中的 A 类设备设计和检测。在家庭环境中，本设备可能会引起无线电干扰，需要采取防护措施。
- 禁止在强辐射源（例如非屏蔽的射频源）旁使用本设备，否则可能会干扰设备正常工作。

表 4-4　全自动生化分析仪发射要求

发 射 试 验	符 合 性
GB 4824 RF 发射	1 组
GB 4824 RF 发射	A 类
GB 17625.1 谐波发射	不适用
GB 17625.2 电压波动/闪烁发射	不适用

表 4-5　全自动生化分析仪抗扰度要求

抗扰度试验项	基础标准	试 验 值	符合性能判据
静电放电（ESD）	GB/T 17626.2	接触放电：±2kV、±4kV 空气放电：±2kV、±4kV、±8kV	B
射频电磁场	GB/T 17626.3	3V/m,80MHz～2.0GHz,80％AM	A
脉冲群	GB/T 17626.4	电源线：±1kV(5/50ns,5kHz) I/O 信号线：±0.5kV(5/50ns,5kHz)	B
浪涌	GB/T 17626.5	线对地：±2kV 线对线：±1kV	B
射频传导	GB/T 17626.6	电源线：3V/m,150kHz～80MHz,80％AM I/O 信号线：3V/m,150kHz～80MHz,80％AM	A
工频磁场	GB/T 17626.8	3A/m,50/60Hz	A
电压暂降、中断	GB/T 17626.11	1 周期 0％； 5/6 周期 40％； 25/30 周期 70％； 250/300 周期 5％	B C C C

性能判别标准如下。

A：试验时，在规范限值内性能正常。

B：试验时，功能或性能暂时降低或丧失，但能自行恢复。

C：试验时，功能或性能暂时降低或丧失，但需要操作者干预或系统复位。

4.4　本章小结

本章主要介绍了测量、控制和实验室用的电设备电磁兼容测试，包括标准 GB/T 18268.1 和 GB/T 18268.26 的试验项目、试验要求和符合性判定等方面内容。结合实际产品的测试项目，对试验过程中的性能判定进行举例分析，以方便读者理解。最后，本章针对 GB/T 18268.26 的说明书要求列举了全自动生化分析仪的说明书示例，以供参考。

第 5 章

大型医疗设备或系统电磁兼容现场试验

5.1 现场试验概述

电磁兼容试验可以分为试验场地试验与现场试验。试验场地试验是指按照电磁兼容标准的规定，在实验室条件下进行的试验。如果设备由于物理方面的限制（尺寸、功率、安装等）无法在实验室按照标准的规定进行试验，那么只能在非试验场地的试验环境下对设备进行电磁兼容试验和评估，以确定其是否满足标准规定的电磁兼容性能要求，这就是现场试验。

大型医疗设备或系统具有尺寸较大、运输不便、安装相对固定、额定供电电流大（这里特指每相电流大于 16A）等特点，例如 MRI、DR、级联生化分析仪、大功率灭菌器、高压氧舱等，这类设备在试验布置、电缆连接等方面较常规医疗设备更为复杂。由于安装环境和使用环境的特殊要求，这部分设备或系统不便在实验室环境下进行电磁兼容试验，就需要在安装现场对设备进行试验和评估。在现场试验时，由于没有有效的屏蔽措施，现场电磁噪声往往非常复杂。特别对于辐射骚扰试验项目来说，环境噪声、非试验场地试验、试验距离和限值的选择等，给现场辐射骚扰试验带来很大不确定性。表 5-1 总结了现场试验与试验场地试验的主要区别。

表 5-1　现场试验与试验场地试验的区别

因　素	现 场 试 验	试验场地试验
试验场地	设备安装现场	符合相关标准的场地或暗室
电磁环境	复杂，不可控	干净，可控
受试设备	大小、重量、安装不受限	大小、重量、安装受限
试验供电	市电、不可控电源供电	稳压、隔离电源供电
背景噪声	不可控，多数情况下不能满足标准试验要求	可控，满足标准试验要求
受试设备安放	试验点受限	试验点基本可以任意
试验数据	难以重现	可重现
试验结果	因背景噪声不可控，结果的分析难度大	按标准规定的限值进行判断

5.2　电磁兼容现场试验要求

5.2.1　试验条件

进行大型医疗设备或系统电磁兼容现场试验时应按照设备用户手册中的相关规定正确安装和操作被测设备。试验时,应记录环境温湿度和大气压,如因实际情况不能满足相应基础标准要求时,必须备注该情况的影响因素,记录实际的温湿度和大气压条件。

抗扰度试验时,参考接地板不应小于 $2m \times 2m$,应充分考虑接地。现场试验供电需同时满足被测设备和试验仪器的供电要求。

5.2.2　人员要求

由于现场试验可能需要对试验计划、试验等级以及试验方法等进行调整,因此参与现场试验的试验人员对相关试验方法及试验原理应有深入了解,并接受过电磁兼容现场试验相关培训。

5.2.3　试验计划

试验前应制订试验计划,包括:被测设备应满足的试验标准;所用试验仪器的校准数据和性能参数文件,以确认是否安全有效,是否满足试验要求;应详细列出被测设备运行模式、供电情况、控制线和信号线缆信息等;现场记录文件,该文件应当给出试验设备的位置、试验等级、被测设备运行模式、性能判据以及任何与开展试验有关的信息。文件记录的目的是确保试验的可重复性。

5.2.4　试验记录

试验记录至少应当包含下列信息。

(1) 被测设备信息:被测设备的唯一标识,设备配置信息,设备供电信息,工作模式,尺寸,互连线缆名称,长度,是否屏蔽。

(2) EMC 试验设备信息:试验设备名称、型号、校准日期。

(3) EMC 现场试验人员姓名。

(4) 试验地点:试验环境参数描述、天线位置。

(5) 试验方法:每项试验均应提供充分的信息以确保试验的复现性。

(6) 试验结果:试验时间、试验数据、性能判据和试验结果。辐射发射试验的环境噪声、被测设备运行模式、试验布置照片、结论。

5.3 电磁兼容现场试验

医疗设备或系统电磁兼容传导发射和辐射发射试验依据 GB 4824 标准进行。GB 4824 中规定了 A 类设备辐射发射的试验,其既可以在试验场也可以在现场进行。由于被测设备本身的大小、结构复杂程度和操作条件等因素,某些工、科、医设备只能通过现场试验来判定它是否符合标准规定的辐射发射限值。但应该认识到,现场得到的试验结果与在试验场得到的试验结果是没有可比性的。

5.3.1 发射试验

1. 传导发射

在现场试验的条件下,不要求传导骚扰的评估。

2. 辐射发射

1) 试验环境要求

应调查现场电磁环境特性,确保被测设备的发射能从周围环境噪声中区分开来。

应在现场辐射骚扰试验前,对环境噪声确认,找到影响环境噪声的因素,合理避开这些干扰频点(如夜间开展现场试验)。先按照正常试验布置摆放好天线和接收机,关掉被测设备。试验时,应尽量关闭周围的电子设备,远离交通干线、铁路、变电站、移动电话基站、广播发射台、飞机场、港口、电梯及其他可能影响到辐射骚扰试验的设备。为了区别环境噪声与被测设备发射的骚扰,在辐射发射试验之前应先测试环境噪声电平,在确保环境噪声能够识别后,再进行辐射骚扰试验。

对于辐射骚扰试验,应核查环境噪声电平比被测设备的规定限值至少低 6dB。由于现场试验的场地限制,有时干扰并不能人为地消除掉,不能满足 6dB 余量的要求。对于这种情况,可按如下方法解决:

(1) 当环境电平加上被测设备的发射后,仍不超过规定的限值,则无须使环境电平减小到规定限值的 6dB 以下,在这种情况下,可以认为被测设备的辐射骚扰已满足规定的限值。

(2) 若因为环境噪声电平或其他原因而不能在规定的距离上进行试验,试验可在 3m 或 10m 的距离下试验,这时应在试验报告中记录该距离及试验情况。为了确定合格与否,应使用 20dB/十倍距离反比因子将试验数据归一化到规定的距离上。如对试验结果有异议,应根据实际情况在 30m 距离下试验。在 3m 距离试验大型被测设备时(或天线距大型设备建筑物外墙的距离)要注意频率接近 30MHz 时近场效应的影响。

2）试验布置

天线距被测设备（或天线距大型设备建筑物外墙的距离）30m 处进行试验。对于安装使用有特殊要求的设备，如核磁共振、X 射线等，试验边界为设备建筑物外墙。对于其他大型设备，如级联生化、体外碎石机等，试验边界为被测设备边界。试验时，天线中心固定在地面以上 2.0m±0.2m 的高度。在 30MHz 以下的频率范围内，应使用环形天线在 1.0m 高度（参考地与天线部分最低点的距离）测试磁场强度，天线沿着垂直轴线的方向旋转，以得到场强的最大值。

由于现场安装条件，不能满足 30m 距离试验条件，可以选择在 10m 或 3m 试验距离进行试验。

应在实际可能的情况下选取尽量多的试验点，至少选择在被测设备正交的四个方向上进行试验，具体布置图参见图 5-1。除了这 4 个方向外，在实际条件允许的情况下，以被测设备为中心尽可能多地选取试验点。另外还应在任何可能对无线电系统产生有害影响的方向上进行试验。若被测设备安装的高度较高，建议改变天线的极化方向和倾斜度以获得最大读数，如 45°角方向，对于安装在高层建筑内的大型医疗设备或系统，天线呈仰角状态进行试验。

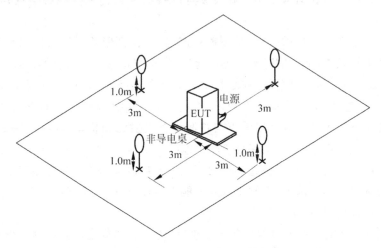

图 5-1　四个面试验布置示意图

在试验辐射发射时，应尽可能调整设备的位置以获得骚扰电平的最大值。现场试验时，就特定的设备而言，要考虑到电缆位置的改变以及该设备在现场的房屋内可以移动的程度，被测设备的布置状况应准确地记录在试验报告中。

试验时设备间的互连电缆的长度和型号应该和产品说明书中的规定一致。

如果试验中要采用屏蔽电缆或特种电缆，则应在使用说明书中明确规定。

对于有多个同类型接口的设备，如果增加电缆数量并不会明显影响试验结果，则只要用一根电缆接到该类接口之一即可。

任何一组试验结果都应附有电缆和设备位置的完整说明,以保证这种试验结果的可重复性。如果有使用条件,则应在产品使用说明书中做出规定。

假如某一设备能分别执行若干个功能,则该设备在执行每一功能时,都应进行试验。对于由若干不同类型设备组成的系统,每类设备中至少有一个应包括在试验中。

5.3.2 抗扰度试验

关于抗扰度性能判据,大型医疗设备或系统应满足标准 YY 0505 及相关专用标准要求,试验、控制和实验室用的大型设备应满足 GB/T 18268.1 或 GB/T 18268.26 相关要求。

1. 静电放电抗扰度试验

按照 GB/T 17626.2 中 7.2 条款安装后的配置进行试验,设备和系统应该在其最终安装完毕条件下进行试验;GB/T 17626.2 中 7.2 条款给出了试验配置的详细要求。

设备安装固定后或按使用说明使用后不再能接触到的点和面,例如,底部和/或设备的靠墙面或安装端子后的地方,可不进行静电放电试验。

2. 射频电磁场辐射抗扰度试验

射频电磁场辐射抗扰度试验时会产生较高的场强,所以辐射抗扰度试验一般在电波暗室内进行,以便遵守禁止对无线通信干扰的有关规定。对于结构上能够实现子系统模拟大型永久性设备和系统,且可拆卸安装至电波暗室内,则应尽量在电波暗室内试验。

对于结构上不可实现子系统模拟运行的大型永久性安装设备和系统,则可以免于 GB/T 17626.3 所规定的射频电磁场辐射抗扰度试验要求。在这种情况下,这类大型永久性安装设备和系统应当在安装现场或开阔试验场,利用典型健康监护环境中的 RF 源(如无线(蜂窝或无绳)电话、对讲机和其他合法发射机)进行试验。除了可以使用实际的调制,例如无线(蜂窝或无绳)电话、对讲机等,还应调整源的功率和距离以满足标准规定的试验电平。

所有被测设备应尽可能按照典型安装的情况来布置。若设备设计安装在支架或柜中,则应按照设计情况进行试验。当需要某种装置支撑 EUT 时,应该选用不导电的非金属材料制作。但设备的机箱或外壳的接地应符合生产厂商的安装条件。当设备由台式和落地式部件组成时,要保持正确的相对位置。

所有试验结果均应附有连线、设备位置及方向的完整描述,确保结果可复现。

由于现场试验主要以常用射频源为主,可以选用(但不限于)如下干扰源中的几种进行试验,并详细记录。

(1) 无线对讲机频率范围：400~480MHz。

(2) GSM 手机频率范围：880~915MHz。

(3) TD-SCDMA 手机频率范围,1880~1900MHz；CDMA2000 手机频率范围,1920~1935MHz；WCDMA 手机频率范围,1940~1955MHz。

(4) 无线路由器频率：约 2.4 GHz。

注：可根据产品使用电磁环境增加试验频段。

现场试验时,应在其预定的运行和气候条件下进行试验,在试验报告中记录温度、相对湿度。试验应按照下述流程开展。

(1) 将被测设备按照典型安装要求进行现场布置,线缆按照生产厂规定规格和型号安装。

(2) 选取相应的 RF 干扰源,在满足标准抗扰度试验电平要求的距离内对被测设备施加干扰。

(3) RF 源的驻留时间应基于设备或系统运行和对干扰信号充分响应所需的时间,报告应记录驻留时间。

(4) RF 源应在 EUT 的敏感部位逐一进行试验,以保证被测设备各部件都可能受扰。

(5) 在试验过程中应尽可能使被测设备充分运行,并在所有选定的敏感运行模式下进行抗扰度试验。

3. 电快速瞬变脉冲群抗扰度试验

对于已安装设备的现场试验,标准要求应该按照设备或系统的最终安装状态进行试验。若在试验过程中,除了被测设备以外,有其他装置受到不适当的影响,经用户和制造商双方同意可以使用去耦网络。

标准给出了在实验室外进行电快速瞬变脉冲群试验的试验布置方法,因此尽可能地遵循这一方法(按照 GB/T 17626.4 的图 15)。如被测设备被测电缆从顶部走线,无法按照试验场地标准要求规范布置,按照 GB/T 17626.4 的图 13 中试验布置。

按照 GB/T 17626.4 的要求,现场试验时需要一块接地参考平面,且应靠近被测设备安装,并与电源插座处的保护接地端连接,快速脉冲群发生器应该放置在接地参考平面上。

出于对试验的重复性和对辅助设备的保护方面考虑,可选用耦合去耦装置。然而,如果它们不适用或者无法利用,可使用容性耦合夹试验。

如果需要使用交流/直流隔离电容,其电容应为 33nF。从电快速脉冲群耦合装置的同轴输出端到被测设备接线端子的"带电导线"长度应为 1.0m±0.1m,同时要考虑对其他装置的影响。

4．浪涌抗扰度试验

在现场试验时，应尽量使用去耦网络(若电流比较大，可使用大电流的电缆线圈或隔离变压器)，以免其他装置受到不适当的影响。具体试验方法按照 GB/T 17626.5 的要求进行。

5．射频场感应的传导抗扰度试验

试验时被测设备应按照典型安装要求安装完毕后进行。试验电缆的选择应保证每种类型的线缆都至少有一根被试验。对于承载大电流(每相电流≥16A)的电源电缆和/或复杂电源系统(多相或各种并联电压)的电缆可根据实际情况使用电流钳或电磁钳耦合方式注入干扰。

患者耦合电缆应使用电流钳进行试验。在电流钳不适用的情况下，应使用电磁钳。在任何情况下，在注入端和患者耦合点之间不应使用去耦装置。

电位均衡导体应使用 CDN-M1 进行试验。

被测电缆从顶部走线，无法按照试验场地标准要求规范布置，按照 GB/T 17626.6 中图 F.1 和图 F.2 中试验布置。

大型的被测设备通常会有多个单元互连。对于多个单元互连的被测设备，标准建议采取下述方法之一进行试验。

(1) 优先法：每个分单元应作为一个被测设备分别试验，其他所有单元视为辅助设备。耦合和去耦装置应置于被认为是被测设备的分单元的电缆上，应依次试验全部分单元。

(2) 代替法：总是由短电缆(即≤1m)连在一起的并作为被测设备的一部分的分单元，可认为是一个设备，对于这些互连的电缆不进行传导抗扰度试验，而作为系统内部电缆考虑。

由于现场试验状态一般为最终安装现场，被测设备不再移动，受安装和场地限制，代替法很难实施，所以通常采用优先法进行试验。

6．电压暂降、短时中断和电压变化抗扰度试验

对于额定输入电流每相超过 16A 的非生命支持医疗设备或系统，只需要进行中断试验。试验时，在供电端口断电 5s，连续进行 3 次。只要医疗设备或系统保持安全，不发生组件损坏并通过操作者干预可恢复到试验前状态，则认为符合要求。

对于额定输入电流每相不超过 16A 的医疗设备或系统以及所有的生命支持设备和系统，按照 GB/T 17626.11 的要求进行试验。

7．工频磁场抗扰度试验

大型固定式设备，由于体积比较大，通常无法采用浸入法进行试验，可采用邻近法进行试验，见图 5-2(按照 GB/T 17626.8 的要求进行试验)。

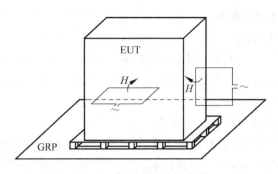

图 5-2　邻近法试验示意图

5.4　本章小结

　　本章主要介绍了大型医疗设备的电磁兼容现场试验方法、试验条件、试验人员、试验计划和试验记录等内容，并介绍了现场试验与实验室试验的区别，阐述了现场试验的环境要求和试验布置等内容。现场试验应调查现场电磁环境特性，确保被测设备的发射能从周围环境噪声中区分开来。此外，还对现场试验抗扰度试验中静电放电抗扰度，射频电磁场辐射抗扰度，电快速瞬变脉冲群抗扰度，浪涌抗扰度，射频场感应的传导抗扰度，电压暂降、短时中断和电压变化抗扰度和工频磁场抗扰度试验进行了介绍。

第6章

几种医疗设备电磁兼容

测试案例分析

医疗设备种类繁多,小到电子体温计,大到 X 射线设备和核磁共振系统,它们在工作原理、主要功能、结构组成上有很大的差异,从而增加了医疗设备电磁兼容测试的特殊性和复杂性。本章结合编者的测试经验,介绍几种医疗设备的测试案例,供读者参考。

6.1　血液透析机电磁兼容测试

6.1.1　结构组成及工作原理

血液透析机是一种较为复杂的医疗设备,它主要由血液监护警报系统和透析液供给系统两部分组成。血液监护警报系统包括血泵、肝素泵、动静脉压监测和空气监测等;透析液供给系统包括温度控制系统、配液系统、除气系统、电导率监测系统、超滤监测和漏血监测等部分。其工作原理是:透析用浓缩液和透析用水经过透析液供给系统配制成合格的透析液,对血液透析器与血液监护警报系统引出的病人血液,利用弥散、超滤和对流原理进行毒素清除、离子浓度调节和体液平衡调节。处理后的病人血液通过血液监护警报系统返回病人体内,同时将透析用后的液体作为废液由透析液供给系统排出……如此循环往复,完成整个透析过程,从而达到治疗的目的。总的来说,血液透析是由一个比较复杂的系统参与协调才能完成的过程,血液透析机仅为此过程提供相应的条件,血液透析流程示意图见图 6-1,此次举例的血液透析机样品结构示意图见图 6-2。

6.1.2　运行模式

血液透析机产生电磁骚扰的关键部件有:各种泵(动脉泵、静脉泵、肝素泵等)、开关电源、CPU 电路板、时钟电路、显示屏等。在辐射测试过程中,将电源和各种泵打开并设置最大运行速度,正常加载管路测试。在电源供电测试的同时对备用电池充电,为了寻找最大发射状态,需要把电池电量耗尽,或者将近耗尽状态

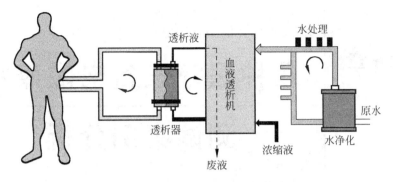

图 6-1 血液透析流程示意图

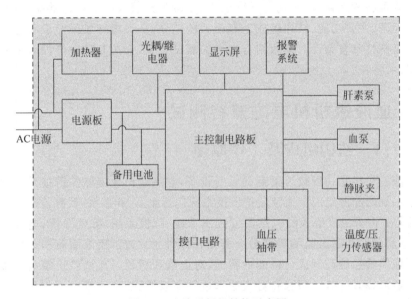

图 6-2 血液透析机结构示意图

（低于电量的 20%），尽可能地让充电电路以最大功率工作。

血液透析机内部包含很多电磁敏感性比较高的传感器，包括：温度传感器、压力传感器、气泡传感器、电导率传感器等。在进行抗扰度测试时，需要对传感器对应的相关性能参数进行重点关注。

EMC 测试中的设备配置选择样机的最大配置（例如配置最多的泵以及所有附件），可以被认为发射和抗扰度测试的最大配置；对于设备预留端口，如果说明书中有对相应的端口功能、线缆等进行说明，则应对预留的端口端接说明书中规定长度的线缆配合测试。对于线缆另一端端接何种设备，可根据实际使用情况而定。血液透析机应在适当的运行模式下进行测试。某厂家的血液透析机有以下几种运行模式。

① 血液透析模式：血液透析滤过治疗模式运行，报警监测功能正常开启。按照厂商要求设置血泵流量、肝素泵流量、透析液流量等参数为典型工作速率，同时对内部电池充电。

② 热消毒模式：对血液透析机进行清洗、热消毒。报警监测功能正常开启。同时对内部电池充电（带热消毒设备适用）。

③ 回血模式：内部电源供电，回血功能运行，网电供电异常报警功能开启。

④ 待机模式。对于发射测试，需要对血液透析模式和热消毒模式进行预扫，选择最大发射模式，确保两种模式发射测试合格。对于抗扰度测试，由于血液透析模式下，各种功能和硬件电路处于正常运行状态，且基本上涵盖了其他几种模式。因此，抗扰度测试主要选择在血液透析模式下进行。对于报警功能的考察，在测试过程中，建议选择报警发生不影响正常运行的报警事件，以考察发射装置正常运行时产生的干扰和报警装置的抗干扰能力。

6.1.3　测试布置

血液透析机多为落地式设备，测试按落地式设备来布置。需要连接所有管路，用纯净水代替血液模拟正常透析模式进行测试。辐射发射试验布置见图 6-3。

图 6-3　辐射发射试验布置图

对于带有血压、血氧等生理参数监测模块的血液透析机，血液透析主机部分应作为落地式设备进行布置以外，其余的血压血氧部分可按照台式设备进行布置测试。除了满足 YY 0505—2012 标准之外，还需要满足 GB 9706.2—2005、YY 0667—2008、YY 0784—2010 等标准中的电磁兼容条款要求。对于产品标准中有特殊要求的测试项目,应满足产品标准的相应布置要求。例如,带自动循环无创血压模块的血液透析机,在做工频磁场时需要使用袖带、导气管或者患者电缆。无创血压测量设备中任何与患者接触的电气连接都必须短接并按 S 形走线布置,见图 6-4。除此之外,根据 YY 0667 产品标准的要求,还需要增加电外科手术干扰测试。

图 6-4　带自动无创血压模块的工频磁场测试布置

6.1.4　符合性判定

血液透析机的基本性能参数有电导率、透析液温度、静脉压、动脉压、透析液流量、血泵流量、肝素泵流量、空气监测、漏血监测等。正常情况下,基本性能不允许有任何降低。对于带有血压和血氧模块的血液透析机,其基本性能则会增加血压、血氧和脉率等参数。

血液透析机的电磁兼容测试应满足 YY 0505—2012 标准以及相关产品标准的要求。在抗扰度试验中,需要对基本性能进行监测,与基本性能和安全相关的判据应满足 YY 0505—2012 标准的 36.202.1j)条款和相关产品标准要求。

在进行抗扰度试验时,常见的不合格现象主要有:

- 血液透析机误动作、停止工作或死机;
- 泵停止工作或泵速流量发生变化,超出误差范围;
- 参数改变(即使伴有系统报警)。

抗扰度测试项目不合格举例如下。

(1) 静电放电试验。对 EUT 的显示屏、指示灯、塑料外壳缝隙等进行空气放电;对外壳螺钉、金属支架、泵金属部分等进行接触放电。若出现系统死机或泵停止工作,即便有系统报警,也应判定为不符合要求。

(2) 传导抗扰度试验。对 EUT 的电源端口进行试验,若出现显示屏参数显示异常,泵流量变化超出规定误差范围等现象,应判定不符合要求。

（3）电快速瞬变脉冲群试验。对 EUT 的电源端口进行试验,若出现显示屏参数显示异常、传感器参数改变、机器停止工作,即使伴有报警等现象,应判定不符合要求。

从原理来看,血泵流量、透析液流量、电导率、透析液温度、静脉压、动脉压、空气监测、漏血监测这些设备参数,一般通过观察显示屏和设备本身自带的传感器监测的参数是否正常来判断设备的干扰情况,从而进行符合性判定。

在目前的 EMC 测试中,基本性能主要是通过屏幕显示的参数和设备监测报警来判断,若对相关的性能参数监测有异议,可参考下面的方法进行验证。

1. 透析液温度

在对血液透析机开始检测之前,将检测仪的测量传感器串入到血液透析机,连接时透析液流向需要与测量传感器箭头保持一致。对血液透析机高温和低温设置报警限,控制好流量和温度,对检测仪上显示的温度值进行记录,看其是否超出误差允许范围。

2. 电导率

电导率代表了被测物的导电能力,表征了各种离子(如 K、Na、Ca、Mg 等)的总和。先对血液透析机管路进行检测,串入检测仪,通过观察检测仪的电导率数值进行监测。

3. 静脉压

静脉压监测用来监测管路血液回流的压力。当透析器凝血或血栓形成、血流不足以及静脉血回流针头脱落时,静脉压就会下降;如果血路回流管扭曲堵塞或回流针头发生堵塞时,静脉压就会升高。先将检测仪压力值清零,用随机配有的三通管路分别接到血液透析机静脉压监测口、检测仪压力监测口,通过检测仪查看静脉压力是否超出误差范围。

4. 动脉压

动脉压监测的目的是用来监测透析器内血栓、凝固和压力的变化。当血流不足时,动脉压就会降低;当透析器内有凝血和血栓形成时,动脉压就会升高。先将检测仪压力值清零,用随机配有的三通管路分别接到血液透析机动脉压监测口、检测仪压力监测口,通过检测仪查看动脉压力是否超出误差范围。

5. 透析液流量

在血液透析过程中,为了达到血液净化和电解质酸碱平衡的目的,透析液的流量对血液透析的效果极为重要,如果单位时间的流量太大或太小,均有可能使血液净化达不到治疗要求。先对血液透析机管路进行检查,待血液透析机稳定后,透析管路无气泡时,将质量检测仪流量传感器串入接透析器的一个口上,连接时注意透析液流向应与流量传感器箭头方向一致,观察流量计数值。

6. 血泵流量

血泵流量是由血泵提供的一个体外循环的动力,通过泵头的转动带动滚轮挤压泵管,推动动脉血流向透析器的血流量。通常来说,血泵部分具有转速检测功能,用来检测病人的血流情况。将血液回路管路的动脉接入点置于反渗水容器中,调节血泵流量,待流量稳定后,将静脉接入点置于空置容器内,然后计时,用量筒测量流出量。

7. 肝素泵流量

肝素泵相当于临床使用的微量注射泵,用于持续或需要时向血液透析病人血液中注射肝素。因为病人的血液在体外循环过程中,尤其是血流输出和输入口与空气接触,很容易发生凝血现象,为了减少凝血现象的发生,需要用肝素泵将肝素注入血液中防止发生凝血。在注射器出口处用空置容器盛接模拟肝素液,然后计时,用天平称量流入的液体质量。

8. 空气监测

空气监测是血液透析机的一个非常重要的安全监控装置,其作用是监测回输血液中的静脉端是否有气泡,防止因空气进入患者体内形成空气栓塞而危及患者生命。此项监测正常通过观察血液透析机的显示屏和报警信息进行评判。

9. 漏血监测

漏血监测是血液透析机的一个非常重要的安全监控装置,其作用是监测透析器废液端的废液中是否含有血液成分,防止透析液半透膜破膜后血液进入废液。此项监测正常通过观察血液透析机的显示屏和报警信息进行评判。

6.2 牙科综合治疗机电磁兼容测试

6.2.1 结构组成及工作原理

牙科综合治疗机是供口腔医生为患者做诊查、预防、治疗、手术等使用的一种必备的医疗设备。

牙科综合治疗机的结构形式主要为牙科治疗机与牙科椅连成一体,通常也称为连体式牙科综合治疗机(如图 6-5 所示)。

牙科综合治疗机由牙科椅、牙科治疗机和附件组成(如图 6-6 所示),牙科治疗机一般包括侧箱、地箱、口腔冷光灯、器械盘、漱口给水装置、三用喷枪、吸唾器、痰盂、观片灯、脚踏开关等;附件由牙科手机、光固化机、洁牙机、医师座椅等组成。

牙科综合治疗机内部主要由气路、水路和电路三个系统组成。

(1) 气路系统。牙科综合治疗机主要以压缩空气为动力,通过各种控制阀体,供高速手机、低速手机、三用喷枪和洁牙机等用气。牙科综合治疗机使用的压缩空

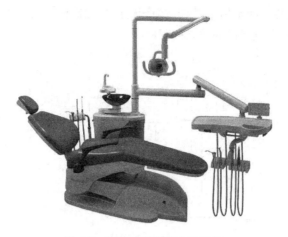

图 6-5　连体式牙科综合治疗机

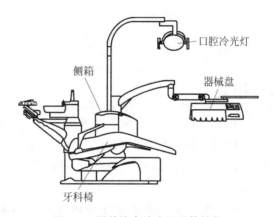

图 6-6　牙科综合治疗机整体结构

气要求无水、无油。

（2）水路系统。牙科综合治疗机的水源以净化的自来水为宜,有的手机要求使用蒸馏水。

（3）电路系统,大致可以分为主控制板、器械盘控制板、椅位控制板和脚控开关控制板 4 部分。

牙科综合治疗机的结构示意图如图 6-7 所示。接通牙科治疗机水路、气路、电路系统后,打开空气压缩机和地箱电源开关。分别按动牙科椅升、降、仰、俯等控制开关,可使牙科椅动作。拉动器械盘上的三用喷枪连杆,分别按动水、气按钮,可获得喷水和喷气,若同时按动水、气按钮,可获得雾状水,以满足治疗的不同需要。拿起器械盘上的牙科手机,踩下脚踏开关,压缩空气和水分别经过气路系统和水路系统的各控制阀到达机头,驱动手机旋转,从而带动车针旋转,达到钻削牙的目的。

车针旋转时喷出的洁净水用来降低钻削牙时产生的高温。有的治疗机还配有计算机程序,可以编程完成不同的功能或程序。

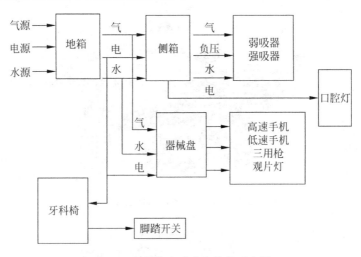

图 6-7 牙科综合治疗机结构示意图

6.2.2 运行模式

牙科综合治疗机在测试过程中,运行模式需考虑正常工作模式和待机模式。正常工作模式主要通过控制面板操作,使椅位上下前后调节,口腔灯及观片灯打开,加热功能开启,操作脚踏开关,使高速/低速牙科手机工作,照明灯开启。

牙科综合治疗机在实际使用时,需要接上水源和气源。水路系统对电磁兼容测试的影响主要在于水杯注水器加热部分,由于加热功率不大,因此在实际测量时无须接上水源,只需要加满水杯注水器即可满足测试需要;气路系统对电磁兼容测试的影响主要在于牙科综合治疗机配备带灯的高速/低速手机,手机在工作时可能会增加整机功率输出,同时手机的工作状态可能会受到电磁骚扰的影响。配备带灯高速/低速手机的牙科综合治疗机,在实际测量时需要接上气源,操作脚踏开关,使手机照明灯开启。

在进行发射测量时,牙科综合治疗机应选用最完整的配置;添加沙袋(135kg)来模拟人体重量;在测试过程中,将口腔灯及观片灯打开,把加热功能开启,使机器处于最大功率状态;同时通过控制面板操作,使椅位上下前后调节,目的是考察每个电机工作时产生的骚扰。设备布置应按照落地式设备布置,脚踏开关部件与牙科椅主机相隔 10cm。

在进行抗扰度试验时,应选用最完整的配置来保证牙科综合治疗机为预期最不利的状态。设备布置应按照落地式设备布置。在试验过程中,应对出水温度进行监测。同时,需要观察试验过程中牙科综合治疗机的位置移动是否出现异常现象。在抗扰度测试的过程中,除了需要对正常工作模式进行测试,还需要对待机模式进行测试,主要是考虑设备受到干扰后是否会产生基本安全问题,从而对患者造成伤害。例如,在待机模式下,牙科椅受到干扰自行启动。

6.2.3　符合性判定

在进行抗扰度试验时,牙科综合治疗机的符合性判定参照 YY 0505 的 36.202.1j)规定,常见的不合格现象主要有:

(1) 口腔灯、观片灯熄灭。

(2) 脚踏开关无响应。

(3) 器械盘的蓝屏显示异常。

(4) 牙科椅电机误动作,导致位移出现异常。

抗扰度测试项目不合格举例如下。

(1) 静电放电试验。对牙科综合治疗机的按键板、脚踏开关、塑料外壳等进行空气放电,对外壳螺钉、金属支架等进行接触放电。若出现口腔灯、观片灯熄灭、器械盘的蓝屏显示异常等现象,则不符合要求。

(2) 传导抗扰度试验。对牙科综合治疗机的脚踏开关连接线进行试验,若出现脚踏开关无响应等现象,则不符合要求。

(3) 电快速瞬变脉冲群试验,对牙科综合治疗机的电源端口、地箱电源线(如有)进行试验,若出现口腔灯、观片灯熄灭、牙科椅电机误动作等现象,则不符合要求。

6.3　脉动真空蒸汽灭菌器电磁兼容测试

6.3.1　结构组成及工作原理

脉动真空蒸汽灭菌器是利用抽真空的方式,根据湿热灭菌的原理,以饱和的湿热蒸汽为灭菌因子,在高温、高压、高湿的环境下,在一定压力、温度和时间的组合作用下,对耐高温蒸汽物品进行灭菌的设备。

脉动真空蒸汽灭菌器的结构示意图如图 6-8 所示。

脉动真空蒸汽灭菌器主要由灭菌室、加热系统、控制系统、真空系统和打印机等组成。

(1) 灭菌室是灭菌器的核心承压部件,是运行灭菌过程的载体。

(2) 加热系统用于产生蒸汽供灭菌用(也可外接蒸汽)。

(3) 控制系统(包括相应控制软件)用于压力、温度、时间等灭菌过程的控制,

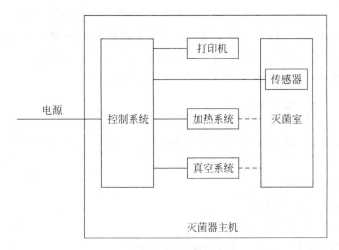

图 6-8　脉动真空蒸汽灭菌器结构示意图

达到灭菌所需的量值和精度,并对预设周期参数进行监控。

(4) 真空系统用于实现灭菌室内冷凝气体和蒸汽的排除。

(5) 打印机用于记录灭菌过程的关键参数,并对灭菌评估结果进行打印。

工作原理:利用真空系统将灭菌室内的空气排除,以达到提高蒸汽渗透性的效果;排气完成后加热系统将产生的高温蒸汽注入灭菌室中,使灭菌室及灭菌负载的温度与压力不断升高,最终达到所需要的灭菌温度并维持一定的时间,灭菌过程中细菌的蛋白质分子在湿热介质(饱和蒸汽)作用下运动加速,导致连接肽键的氢键断裂,影响分子结构的空间排列,使蛋白质凝固,导致细菌繁殖体或芽孢等微生物死亡,从而达到灭菌的效果。

6.3.2　运行模式

对脉动真空蒸汽灭菌器进行电磁兼容测试前,必须了解该类设备的工作流程,并分析各流程中有哪些机器部件在运作和各阶段具体的电气回路,才能更好地选择和制定测试的工作模式。

脉动真空蒸汽灭菌器处理的过程步骤基本一致,可以分为 3 个过程:预处理过程、消毒灭菌过程、后处理过程。因此,在选择和制定工作模式时,可以围绕这 3 个过程来进行,通过分析各过程的功能实现,并配合预测试的结果来找到设备的最大发射状态和最不利的抗干扰状态。下面对脉动真空蒸汽灭菌器的典型工作过程作简单介绍,这将有利于理解该类设备的测试模式选择。

脉动真空蒸汽灭菌器的典型工作周期:首先通过脉动真空的方式将灭菌室内的冷空气排出,以便湿热的蒸汽更好地渗透于被消毒的物品,这属于预处理过程;

然后灭菌器通过不断注入高温蒸汽,使灭菌室内的压力不断升高,从而升温至所需要的灭菌温度并维持一段时间,以达到消毒灭菌效果,该过程则属于消毒灭菌过程;最后灭菌器将高温蒸汽排出,泄压至大气压,并对消毒物品进行干燥处理,则属于后处理过程。

脉动真空蒸汽灭菌器的电磁兼容测试,可以根据其工作状态,将测试模式划分为预处理模式、灭菌模式、后处理模式和待机模式,这 4 种工作模式基本覆盖了灭菌器的所有功能。首先,通过加热器对灭菌室进行预热,然后真空泵进行脉冲式的空气排除,与此同时蒸汽发生器一直处于高温维持的状态,这属于预处理模式(如图 6-9 中 T1 阶段)。该模式中运行的主要关键元器件有腔壁加热器、蒸汽发生器、真空泵和相关控制电路,设备最大功率状态也通常发生在此过程。灭菌器通过不断注入高温蒸汽,使灭菌室内压力不断升高,从而升温至所需要的灭菌温度并维持一段时间,以达到消毒灭菌效果,该过程则属于灭菌模式(如图 6-9 中 T2 阶段)。该模式中运行的主要关键元器件则是间歇加热的蒸汽发生器、相关管路阀门和控制电路。最后灭菌器通过真空泵将高温蒸汽抽出,达到负压状态并进行负压维持,在负压和腔内高温的条件下促进灭菌器械的干燥,干燥完毕后,回路阀门打开,泄压至大气压,然后打印机进行结果打印,这属于后处理模式(见图 6-9 中 T3 阶段)。该模式中运行的主要关键元器件有真空泵、打印机和相关管路阀门和控制电路。

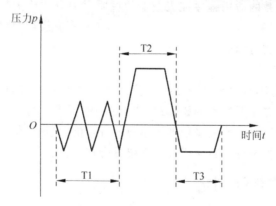

图 6-9　蒸汽灭菌器工作周期压力示意图

进行发射项目测试时,尤其是辐射发射与传导发射,需要通过预测的方式来确定脉冲真空蒸汽灭菌器的最大发射状态。由于一般的灭菌过程历时较长,在不便对整个灭菌周期进行测试的情况下,可以让研发工程师进入研发调试模式或工程模式,对灭菌器的各个模式独立运行。模拟预处理模式可以在工程模式的状态下同时运行灭菌室加热器、蒸汽发生器和真空泵,维持该运行状态,并对该情况下的发射状态进行峰值扫描。模拟灭菌模式则可以在工程模式下将预处理过程进行屏蔽,直接进入灭菌阶段,开始注入高温蒸汽至灭菌维持,该状态下主要预测蒸汽发生器、蒸汽管路阀门与相应温度和压力监控模块的发射情况;模拟后处理模式可以依次开启真空泵与打印机的打印功能,预测对应的发射情况。一般情况下,如果加热部分由开关电源供电,加热模式下开关电源产生干扰较大,灭菌模式下控制电路产生的窄带干扰较为常见。因此,辐射发射测试需要考虑加热状态和灭菌状态下产生的干扰。

电压波动与闪烁测试一般在灭菌模式下测试,主要因为灭菌模式下大功率设备的频繁启停容易造成严重的电压闪烁问题。

6.3.3　测试布置

1. 测试用水

在进行测试前应确认脉冲真空蒸汽灭菌器的供水是否足够,以免在测试过程中因缺水而导致测试中止的情况。另外还要确认用水的水质是否符合要求,现在的灭菌器基本都要求使用蒸馏水或纯水,因为一般情况下灭菌器都会配备电导率检测功能,若水质达不到要求,灭菌器将处于报警状态不能正常运行。

2. 测试负载

脉动真空蒸汽灭菌器的负载通常有织物类负载和金属负载等,负载的分类、负载的最大容量、负载的适用程序在灭菌器的说明书中有明确的描述。为了模拟脉动真空蒸汽灭菌器的实际工作状态,在测试时,应根据其说明书选取合适的负载类型、负载最大容量进行测试。

3. 测试布置实例

通常情况下脉动真空灭菌器的组成较为单一,线缆也较少,因此测试布置也相对简单,其测试布置主要依据 GB 4824—2013 中的要求进行。有些脉动真空蒸汽灭菌器没有内置打印机,而是采用外置单独的打印机,在这种情况下进行测试布置时,则需要将灭菌器和外置打印机看作系统进行布置。

6.3.4　符合性判定

脉动真空蒸汽灭菌器的性能一般包括灭菌效果、灭菌过程中的压力温度和压力容器的联锁。灭菌效果是蒸汽灭菌器最重要的指标,器械若灭菌失败后继续使用可能造成感染的医疗事故,因此在进行抗扰度试验时应关注最后的灭菌效果是否达到要求。在试验过程中还需要观察灭菌器实时显示的温度和压力示值是否正常,因为施加干扰信号可能会对温度压力传感器或控制阀门有影响,如温度压力显示异常、阀门异常动作等均会直接影响灭菌效果。脉动真空蒸汽灭菌器属于高温高压的压力容器,其联锁是保护操作者安全的重要功能,试验过程中联锁若发生失效,导致灭菌器在高温高压状态被打开是非常危险的,因此试验时也要重点关注联锁功能。

　　脉动真空蒸汽灭菌器抗扰度试验的符合性情况应按照 GB/T 18268.1—2010 中表 4.2 中各项目的性能判据进行判断。在 GB/T 18268.1—2010 标准中,静电放电和电快速脉冲群两个抗扰度项目的性能判据均为判据 B,试验时灭菌器的功能或性能允许暂时降低或丧失,但在试验电平撤销后能自行恢复至正常状态可接受。

　　例 1:对脉动真空蒸汽灭菌器的显示屏或触控屏进行静电放电试验时,其屏幕出现白屏、花屏或乱码的现象,这通常是由于屏幕本身电容耦合的原因造成的,若试验结束后不久能恢复正常的显示功能,并且没有影响到其整个灭菌过程的持续进行,依据判据 B 应属合格的情况。

　　例 2:对脉动真空蒸汽灭菌器的内置打印机进行静电试验时,由于内置打印机更换打印纸部位的金属部分通常与控制电路有直接的导电连接,对这个位置进行接触放电通常会造成灭菌器的死机或重启的现象,这种情况需要操作者通过人工干预的方式才能恢复到原来的运行状态,则应判定为不符合要求。

　　例 3:在脉动真空蒸汽灭菌器的电源端施加电快速瞬变脉冲群干扰信号时,灭菌器也较常出现死机而不能自行恢复的现象,那么这种情况也属于不符合要求;如果只是显示屏发生闪屏、短时无法操作等,只要干扰施加结束后恢复正常,则应判定为符合要求。

6.4　助听器电磁兼容测试

6.4.1　结构组成及工作原理

　　助听器基本结构包括输入换能器、放大器、输出换能器、电池,如图 6-10 所示。零配件可由耳模(耳塞)、导线等组成。

　　助听器为放大器,其功能是增加声能强度并尽可能不失真地传入耳内。因声音的声能不能直接放大,故有必要将其转换为电信号,放大后再转换为声能。

　　输入换能器由传声器(麦克风或话筒)、磁感线圈等部分组成,其作用是将输入的声能转换为电能传至信号调理单

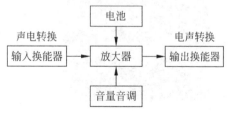

图 6-10　助听器结构示意图

元。信号调理单元可简可繁。简单的,可以使用模拟放大电路,仅将电信号按固定比例放大;复杂的,则需将输入信号进行 A/D 转换后,利用数字信号处理器进行一系列处理、放大。信号调理单元将电信号进行处理放大后传至输出换能器。输出换能器一般为耳机,其作用是把放大的信号由电能再转换为声能输出。电源则

是供给助听器工作能量不可缺少的部分。

按不同的分类方式,助听器可分为以下几类。

(1) 按传导方式,助听器可分为气导式助听器和骨导式助听器,目前大部分助听器都是气导式助听器。

- 气导式助听器:通过气导方式将放大后的声音通过耳道气体传导到内耳。
- 骨导式助听器:将放大后的声音通过乳突或头骨机械振动的方式传导到内耳。

(2) 按佩戴方式,可分为盒式(体佩式)助听器、耳背式助听器、耳内式助听器、耳道式助听器。以上几种助听器临床使用较为广泛。此外,还有眼镜式助听器等。

- 盒式(体佩式)助听器(见图 6-11):佩戴在患者身上(不是戴在头部)。
- 耳背式助听器(见图 6-12):通过耳钩连接,佩戴在耳廓背部。
- 耳内式助听器(见图 6-13):根据耳甲腔形状定制,佩戴于耳甲腔中。
- 眼镜式助听器(见图 6-14):安装在眼镜架腿上,类似耳背式佩戴方式的助听器。

图 6-11　盒式助听器

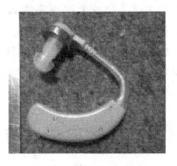

图 6-12　耳背式助听器

图 6-13　耳内式助听器

图 6-14　眼镜式助听器

6.4.2　测试原理和测试设备

根据 GB/T 25102.13—2010《电声学　助听器　第 13 部分:电磁兼容(EMC)》的要求,标准未考虑射频骚扰和静电放电等项目对助听器电磁兼容的影响,只考虑了无线电话系统产生的高频电磁场抗扰度,即辐射抗扰度的影响。

1. 测试原理

图 6-15 为助听器辐射抗扰度项目的测试连接图。助听器放置在 GTEM 小室中,通过功率放大器产生干扰源,在 GTEM 小室产生标准要求的均匀场强,助听器的输出声压级通过耦合腔、传声器放大器传输到音频分析仪,最后测出助听器的干扰电平 IRIL。通过比较实测的 IRIL 数值是否在标准要求的限值以下,来判断产品是否符合标准要求。

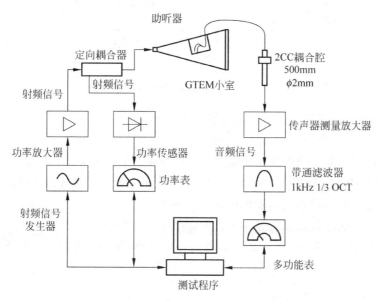

图 6-15　助听器辐射抗扰度测试连接图

2. 测试设备

吉赫兹横电磁波室(Gigahertz Transverse Electromagnetic cell,GTEM 小室)是国外 20 世纪 80 年代末期问世的一种新的电磁兼容测试设备,具有工作频率宽、内部场强均匀、屏效好、体积小、成本低、试验中能量利用率高等优点,广泛应用于替代开阔场和电波暗室完成辐射抗扰度的测试。在医疗设备相关的辐射抗扰度试验中,助听器和轮椅的辐射抗扰度测试都可以使用。

GTEM 小室结构原理图见图 6-16,为半锥形的同轴结构。其中心导体展成一块宽的隔板(通称芯板),其后壁用锥形吸波材料覆盖,选取合适的角度、芯板高度和宽度,构成复合式匹配负载,使小室的时域阻抗为 50Ω 左右,以达最小终端反射。基于同轴及非对称矩形传输线原理,当小室馈入端注入功率信号时,在小室内便会产生横电磁波,其波阻抗为 377Ω,在芯板与底板之间所形成的电场,其方向与横电磁波传播的方向垂直,在阻抗匹配良好的情况下,小室内某段空间场的分布是均匀的,这些都与自由空间的远场电磁波特性相同,相当于模拟了开阔场的电磁环境。因此,可以作为开阔场的替代测试环境。

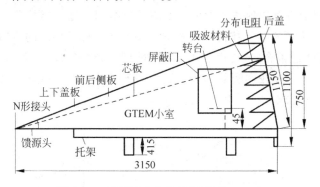

图 6-16　GTEM 小室结构图(单位:mm)

特别注意 GTEM 小室的选取要满足以下要求:

(1) 要符合 IEC 61000-4-20 的要求。

(2) 小室的频率响应范围和场强大小是否可以覆盖标准规定的范围。

(3) 小室的屏蔽门开门方向和波导管位置应便于测试和被测样品的连接,波导管的长度和孔径应满足试验的频率响应特性。

(4) 小室的屏蔽效能应确保测试环境背景噪声不会对被测设备的输入相关干扰电平数值 IRIL 造成干扰。若不能满足要求,则需要选择在特定环境下测试,如电声屏蔽室。

6.4.3　运行模式

应在适用的运行模式下进行测试(这里指内部电源的助听器),见表 6-1。

表 6-1　运行模式

模　　式	说　　明
模式 1	传声器模式(麦克风模式)
模式 2	拾音线圈模式
模式 3	指向传声器模式

注:① 拾音线圈模式仅支持带有拾音线圈功能的助听器;

② 指向传声器模式仅支持带有指向传声功能的助听器;

③ 需在电池满电的条件下进行测试,电池电量不足可能影响测试结果。

6.4.4　试验方法

1. 试验场强

GB/T 25102.13—2010 助听器试验场强见表 6-2。

表 6-2　助听器试验场强

频率范围 /GHz	临近者兼容 当处于以下场强时,IRIL≤55dB, 场强以 V/m 表示					使用者兼容 当处于以下场强时,IRIL≤55dB, 场强以 V/m 表示				
	0.08~ 0.8	0.8~ 0.96	0.96~ 1.4	1.4~ 2.0	2.0~ 3.0	0.08~ 0.8	0.8~ 0.96	0.96~ 1.4	1.4~ 2.0	2.0~ 3.0
传声器模式(麦克风模式)	考虑中	3	考虑中	2	考虑中	考虑中	75	考虑中	50	考虑中
拾音线圈模式	考虑中	3	考虑中	2	考虑中	考虑中	考虑中	考虑中	考虑中	考虑中
指向传声器模式	考虑中	3	考虑中	2	考虑中	无相关规定	无相关规定	无相关规定	无相关规定	无相关规定

关于 GB/T 25102.13—2010,在附录 A 中给出了测试等级及场强的说明。对于临近者兼容,3V/m 的场强(80％正弦波调制)理论上对应于 2W 手持移动电话在约 2m 保护距离的场强强度;而对于使用者兼容,75V/m 和 50V/m 的试验场强是基于保证助听器能够承受使用无线电话带来总的干扰和自由噪声,例如,正常使用时,手机天线与助听器距离超过 5cm。

2．测试方法

助听器参考增益测试需在实时真耳测验及助听器分析仪测得,对于传声器模式测试,具体方法为先调节助听器音量(增益)到最大挡位放置于音箱内,连接耦合腔,助听器麦克风孔对准音箱发声孔,启动测试,分别测得输入 90dB 和 60dB 全频段的音频后的输出曲线,由系统计算出增益,然后需将助听器挡位调至计算增益处,此挡位为参考增益挡位,如图 6-17 所示。

在此挡位下,选择输入音频为 1000Hz,输出助听器增益曲线,选择 55dB 处输出,如图 6-18 所示。

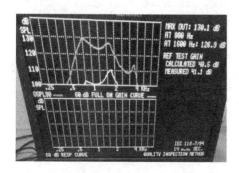

图 6-17　增益测试图(1)

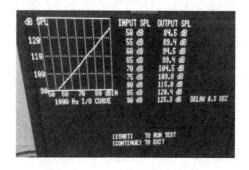

图 6-18　增益测试图(2)

助听器按照 GB/T 25102.100 进行声学测试,测出在 kHz 频率点的输入输出响应。使用 500mm 长的导管连接在助听器和模拟耳之间进行声音耦合,校准音频放大器,使得音频分析仪在 55dB 时播出基准的场强值;接下来对被测助听器进行增益测量,通过输入相关频谱减去助听器的增益便得出 OIRIL。按照 GB/T 25102.13—2010 中的规定,测量助听器在 1kHz 频率点的输入输出响应,从输入输出曲线可以得出在 55dB 声压级(SPL)输入电平时的增益。将助听器放入 GTEM 小室中开启测试程序,使用与模拟的 GSM 信号"峰值有效值"相同的载波电平 1kHz、80%正弦波调制、1%步长、驻留时间为 1s 的载波信号进行测试。试验是使用规定的所考虑频段的输出场强值对置于 GTEM 小室内的助听器施加干扰,通过这一测试可以确定在造成最大干扰方向上干扰信号的频谱,得出 OIRIL 的值。而最后测量结果用 IRIL(在 1kHz 上的输入相关干扰电平,以分贝表示的声压级)来表示。试验分别对助听器的前后左右四个面进行反复测试,试验要求测试时保持足够的安静。必要时,可用吸声材料包裹耦合腔位置,防止其他噪声耦合从而影响测试结果。测试结果图如图 6-19 所示,助听器测试布置如图 6-20 所示。

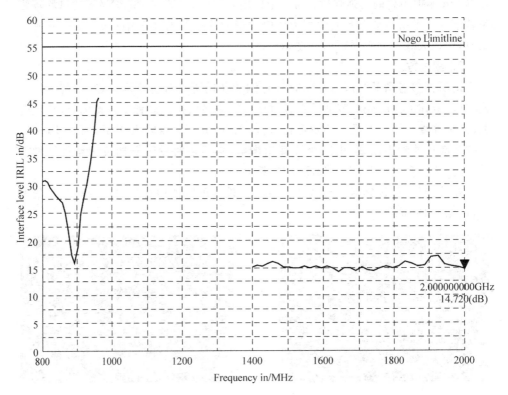

图 6-19　IRIL 测试图

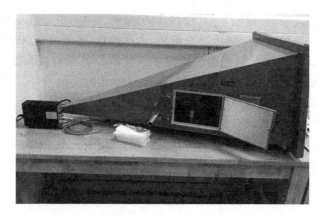

图 6-20　助听器测试布置

IRIL 的计算公式为：

$$IRIL = ORIL - G \qquad (6-1)$$

式中：ORIL 为输出相关干扰电平，即助听器在 1kHz、80%正弦波载波信号干扰后测得的输出信号电平；G 为助听器在输入为 55dB 声压级下的增益。

6.4.5　符合性判定

助听器在传声器模式中试验频段为 $0.8 \sim 0.96GHz, 3V/m$ 和 $1.4 \sim 2GHz,$ $2V/m$，满足 IRIL≤55dB，则认为符合标准要求。

报告中使用者兼容的试验范围可以比整个测试频段窄，例如使用者兼容 1714~1856MHz。即使助听器不能在整个测试范围都能满足使用者兼容性要求，仍可以声明助听器在特定移动蜂窝电话网络的传送频率上符合使用者兼容性要求。

6.5　多参数患者监护设备电磁兼容测试

6.5.1　结构组成及原理

多参数患者监护设备一般分为台式或移动式，主要由主机和附件组成，附件一般包括各类电极和传感器（如心电导联电缆、血压袖带、血氧探头、体温探头、呼吸末二氧化碳气体测量组件等外接配件），可按设计、形式、技术参数、附加功能等不同分为若干型号。主机具有心电、无创血压、血氧饱和度、体温、呼吸等监护单元（有些多参数患者监护设备还具有其他参数的监测功能，如呼吸末二氧化碳），一般采用模块式或预置式结构。监护仪的基本原理是，利用与人体接触的传感器与信号延长通道，并通过这个信号通路将监测到的人体生命特征信号传送到模拟处理电路，再经过模数转换后送入微处理器，借助于软件及相关的算法获得人体生命体征的参数、相关指标及波形等，实现对人体生命体征信息的实时监护，包含特征识别、参数计算、自动诊断、数据显示、存储、回顾分析、传输、记录以及报警等功能。

多参数患者监护设备一般由心电模块、血压模块、血氧模块、体温模块、呼吸末二氧化碳模块、呼吸模块、脑电模块等组成。监护设备主机及系统主要包含主控板、显示器、键盘、记录仪以及运行软件、其他的外部扩展设备等。其中,主控板在运行软件的控制下完成信号的获取、显示、存储、分析与处理、报警、记录、外部运输等,甚至进行外部远端相关数据的访问及显示等,构成对监测对象的信号及特征实时显示与高级处理。多参数患者监护设备的原理结构示意图如图 6-21 所示。

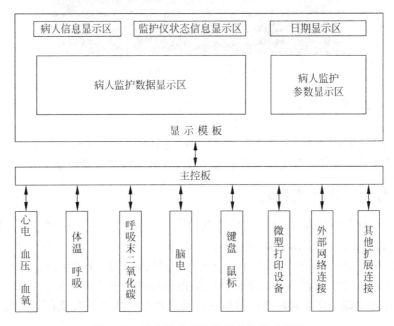

图 6-21　多参数患者监护设备结构示意图

多参数患者监护设备包含不同生理监护单元,可对一个患者同时进行多个生理参数的监护。一般可以对病人进行心率/脉率、无创血压(收缩压、舒张压、平均压)、呼吸率、心电图、血氧饱和度和体温等生命体征参数进行监视和测试。其中,心电测量采用目前临床上广泛使用的 Ag/AgCl 电极测量方法;无创血压测量采用振荡法,测出收缩压、平均压、舒张压和脉率值;呼吸测量采用胸阻抗法,从两个电极的胸廓阻抗值测定呼吸,胸廓的活动导致两个电极间的阻抗变化在屏幕上产生一道呼吸波;体温测量采用热敏电阻法或者通过探测器测量被测对象耳腔之间的红外辐射来显示被测对象的体温;脉搏血氧饱和度测量采用连续无创伤的方法测定血液中被氧结合的氧合血红蛋白的容量占全部可结合的血红蛋白容量的百分比,这个参数是通过测定传感器光源一方发射的光线有多少穿过病人组织(如手指或者耳朵)到达另一方的接收器而得到的。由于多参数患者监护设备监护模块较多,EMC 测试涉及各模块产品专用标准见表 6-3。

表 6-3　多参数患者监护设备涉及的安全专用标准

分　类	中 文 标 准	英 文 标 准
多参数患者监护设备	YY 0668	IEC 60601-2-49
	GB 9706.25	IEC 60601-2-27
心电模块	GB 10793	IEC 60601-2-25
	YY 1079	/
无创血压模块(NIBP)	YY 0667	IEC 80601-2-30
有创血压模块(IBP)	YY 0783	IEC 60601-2-34
血氧模块(SPO$_2$)	YY 0784	ISO 80601-2-61
呼吸模块(RESP)	YY 0601	ISO 21647
呼吸末二氧化碳模块(CO$_2$)	YY 0601	ISO 21647
体温模块(TEMP)	YY 0785	EN 12470-4
脑电模块(Bisx)	GB 9706.26	IEC 60601-2-26

6.5.2　运行模式

多参数患者监护设备的运行模式包括正常工作模式和待机模式,正常工作模式中,系统的参数测量、报警、信号输入、数据存储、记录等均处于正常启动运作状态;在待机模式下,系统未启动参数测量、报警、信号输入输出、数据存储及记录进程。对于发射测试,所选运行模式和参数设置为预期最大发射状态;对于抗扰度试验,需要设置模拟器参数来监测多参数患者监护设备在试验过程中是否符合要求。在待机模式下,产品没有基本性能和基本安全问题,不需要进行抗扰度测试。在开始试验之前,多参数的模拟信号应做如下设置。

(1) 对于没有手动灵敏度调节的设备和系统,模拟患者生理信号应设置在与制造商规定的正常运行一致的最低幅值或最低值。如果这个最低幅值或最低值是由制造商规定的,就按照 YY 0505 的 6.8.2.201c)中的规定包括在使用说明书中;如果与正常运行一致的最低幅值或最低值不是由制造商规定的,那么模拟患者生理信号应设置成设备或系统能预期运行的最小幅值或最小值。

(2) 对于有手动灵敏度调节的设备和系统,模拟患者生理信号应根据制造商的灵敏度调节指南来设置,以使设备或系统工作在最大灵敏度上。

(3) 如果是不用接患者模拟信号便能正常工作的监护模块,例如体温监测,设备或系统应在没有模拟患者生理信号的情况下按 YY 0505 的 36.202.1c)的规定进行试验。

除了上述要求外,辐射发射试验应分别在网电源供电和内部电源供电条件下测试,通过切换多参数患者监护设备中"手术、监护、诊断"模式,测试过程中启动打印功能和触发报警功能,以寻找最大发射工作状态。

6.5.3 测试布置

对于发射测试布置,在发射测试的传导发射项目和辐射发射项目中,GB 9706.25 没有对心电导连线布置提出特殊要求,但英文标准 IEC 60601-2-27 Ed.3.0 对心电导联布置有要求。为保证线缆布置的一致性,推荐采用 IEC 60601-2-27 Ed.3 中的测试方法。心电导连线的具体布置见图 6-22(a),其中辐射发射时,图中的 6 患者模拟装置、7 金属板、C_p 及 R_p 均不需要接。有创血压应用部分按照 YY 0783 的要

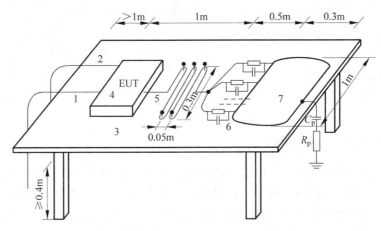

(a)心电导联线的传导发射和辐射发射测试布置要求

1—电源线;2—SIP/SOP电缆;3—绝缘桌;4—EUT;5—患者电缆;6—患者模拟负载(51kΩ电阻与47nF的电容并联);7—金属板;C_p=220pF;R_p=510Ω

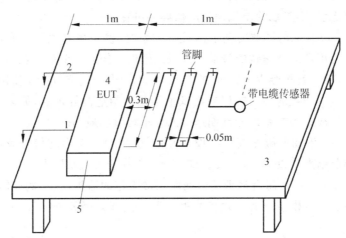

(b)有创血压应用部分的传导发射、辐射发射和辐射抗扰度测试布置要求

1—电源电缆(若适用);2—可用的信号输出电缆;3—用绝缘材料制成的桌子;4—EUT;5—可用的信号输入电缆;6—5管脚为代表,但可以更多

图 6-22　传导发射和辐射发射测试布置要求

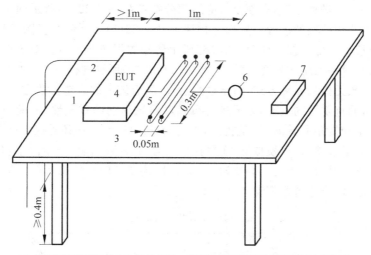

(c) 非传导患者应用部分的传导发射、辐射发射和辐射抗扰度测试布置要求

1—电源线；2—信号线；3—绝缘桌；4—EUT；5—连接EUT的传感器或探头的多重信号输入线；
6—传感器或探头；7—模拟器(如果容易受干扰，可以对其进行屏蔽或低通滤波处理)

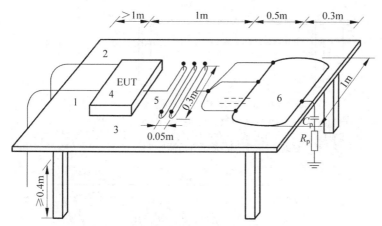

(d) 患者连接应用部分的传导发射、辐射发射和辐射抗扰度测试布置要求

1—电源线；2—SIP/SOP电缆；3—绝缘桌；4—EUT；5—患者电缆；6—金属板；C_p—220pF；R_p—510Ω

图 6-22　(续)

求,布置见图 6-22(b)。YY 0668 没有对多参数监护设备的布置提出特殊要求,可按照英文标准 IEC60601-2-49 Ed.2.0 来进行布置,其他非传导性的患者应用部分按照图 6-22(c)所示的布置图进行布置,其他患者连接应用部分按照图 6-22(d)所示的布置图进行布置。

　　对于抗扰度试验布置,辐射抗扰度试验的布置有特殊要求,心电导连线按照

图 6-23(a)所示进行布置,有创血压应用部分按照如图 6-22(b)所示的示意图进行
布置,其他非传导性的患者应用部分按照如图 6-22(c)所示的布置图进行布置,其
他患者连接应用部分按照如图 6-22(d)所示的布置图进行布置。对于自动循环无
创血压监护设备的工频磁场试验,应按如图 6-23(b)所示进行布置。在其余的抗扰
度试验中,虽无要求布置方式,由于线缆过多,没有统一的线缆摆放方式,这不利于
EMC 测试的重复性的重现,为了提高布置对测试影响的重复性,一般推荐所有线
缆按照 S 形布置来测试 EUT 抗扰度,同时,在抗扰度测试中还需接入患者模拟器,
如心电信号模拟器、血压模拟器、血氧模拟器等对各模块提供稳定的生理信号以监
测在抗扰度中是否受干扰。必要时,在进行抗扰度试验可给患者模拟器增加一个
金属屏蔽罩,防止患者模拟器本身被干扰。

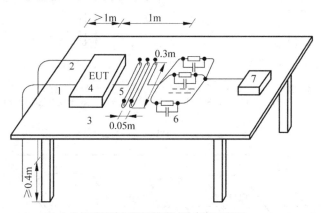

(a) 心电导联线的辐射抗扰度试验布置示意图

1—电源线;2—信号线;3—绝缘桌;4—EUT;5—患者电缆;
6—患者模拟负载(51kΩ电阻与47nF的电容并联);7—ECG模拟器(如果
容易受干扰,可以对其进行屏蔽或低通滤波处理)

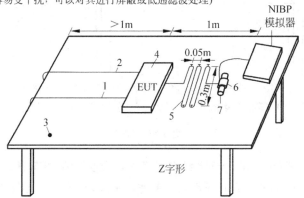

(b) 自动循环无创血压的工频磁场试验布置示意图

1—电源线;2—信号线;3—绝缘材料桌子;4—EUT;
5—橡皮箍袖带;6—裹在7上的袖带;7—金属圆柱体

图 6-23 抗扰度试验布置示意图

6.5.4　符合性判定

对于发射部分的测试,依据标准 YY 0668 的定义,设备应符合 GB 4824 第 1 组的要求,A 类还是 B 类取决于制造商规定的使用目的。也就是说,对于多参数患者监护设备发射部分的传导发射和辐射发射两个项目,需要取决于制造商要求依据 1 组 A 类或者 1 组 B 类的限值对测试结果进行符合性判定。

对于抗扰度部分的测试,在多参数患者监护设备各专用标准的具体章节中,除规定电磁兼容检测方法及布置要求外,还补充了符合性判据,通用标准符合性准则参见 YY 0505 条款 36.202.1 j)。专用标准符合性准则参见各专用标准电磁兼容条款,如 YY 0667《医用电气设备第 2-30 部分:自动循环无创血压监护设备的安全和基本性能专用要求》条款 36.202.2a)要求,在静电放电试验中,被测设备可出现暂时性能降级,但需在 10s 内恢复之前的运行模式,设置参数不改变,且无存储数据丢失。因此,对多参数患者监护设备的 EMC 测试结果判定,需综合考量通用标准符合性准则和专用标准符合性准则。具体的判定要求在标准中有详细的阐述,这里不作赘述,具体判定要求见表 6-4。下面就测试中出现的试验现象,进行举例说明。

表 6-4　各专用标准中第 36 章对 EMC 测试的判定要求

专 用 标 准	第 36 章　判定要求
YY 0667《医用电气设备　第 2-30 部分:自动循环无创血压监护设备的安全和基本性能专用要求》	静电放电:10s 内恢复,无数据丢失; 射频电磁场辐射抗扰度试验:测量误差不超过允许的设备误差和模拟器误差之和; 电快速脉冲群:10s 内恢复; 工频磁场:测量误差不超过允许的设备误差和模拟器误差之和; 电外科干扰:10s 内恢复,无数据丢失
YY 0784《医用电气设备　医用脉搏血氧仪设备基本安全和主要性能专用要求》	所有抗扰度试验:脉搏血氧仪设备应工作在其声称的血氧饱和度(SpO_2)和脉率的准确度范围之内,并确保至少与含噪声诱导值的差异不大于 5% 或小于(100% 减去脉搏血氧仪设备的血氧准确度)。除此之外: • 静电放电:30s 内恢复; • 电快速脉冲群:30s 内恢复; • 浪涌:30s 内恢复; • 电压跌落和中断:30s 内恢复
GB 9706.26《医用电气设备　第 2-26 部分:脑电图机安全专用要求》	静电放电:10s 内恢复,不丢失存储数据; 射频场感应的传导抗扰度试验:应能在正常技术要求中运行

续表

专 用 标 准	第 36 章　判定要求
YY 0783《医用电气设备　第 2-34 部分：有创血压监测设备的安全和基本性能专用要求》	所有抗扰度试验(不适用于静电放电)：设备不应改变运行状态、丢失或改变已存储的数据、在控制软件中产生错误导致意外的输出改变或在血压读取上产生超出制造商的规定之外的错误。除此之外： • 静电放电：10s 内恢复，不丢失存储数据 • 浪涌：10s 内恢复，不丢失存储数据 • 电外科干扰：10s 内恢复，不丢失存储数据

例 1：在浪涌试验中，多参数患者监护设备电源突然停止供电，设备停止工作，重新启动设备仍然无法显示及工作，该现象有可能是浪涌试验导致的器件损坏。依据标准中的符合性判定准则，应判定为不合格。

例 2：在射频场感应的传导骚扰试验中，对心电电缆、血氧电缆、体温探头电缆用电流钳施加干扰时，多参数患者监护设备的心电参数、血氧值和体温值受干扰后数值自行改变，超出技术要求规定误差范围。依据标准中的符合性判定准则，可判定为不合格。

例 3：在静电放电和电快速瞬变脉冲群试验中，多参数患者监护设备的血氧和血压显示出现明显跳动和间歇性的闪烁，但是监护仪上显示血氧和血压值与模拟器相符，对于该现象的判定，需要具体问题具体分析。对静电放电试验，依据 YY 0784 和 YY 0667 标准来验证要求的符合性。对于血氧模块，被测设备应在 30s 内从任何的中断自动恢复；对于血压模块，被测设备是否可以在 10s 内返回试验前状态。对于电快速瞬变脉冲群，仅血氧和血压模块的判定有放宽，允许一定时间内的中断恢复；对于心电模块、呼吸模块、体温模块等应依据 YY 0505 中条款 36.202.1j)进行判定。

例 4：在高频手术设备干扰测试中，多参数患者监护设备心电模块和血压模块同时在高频手术设备打火花瞬间受到干扰，心电图明显受到干扰，血压值出现中断。对于这种情况，依据 YY 0667 标准，设备应在高频手术设备使用结束后 10s 内恢复到试验前状态，而且不会丢失储存的数据，这种情况血压模块在施加干扰后 10s 内能恢复试验前状态，则试验结果可接受。虽然 GB 9706.25 标准对心电模块没有高频手术设备干扰测试的试验要求，由于在临床应用往往是多模块同时工作，任何一个模块受到高频电刀干扰如果短时间不能恢复，都会对手术病人生理参数监测造成一定影响，从整机的角度来说，心电明显受干扰也是不能接受的。

6.6　医用机器人电磁兼容测试

6.6.1　结构组成及工作原理

机器人一般由机械部分、传感部分、控制部分三大部分组成,这三大部分可分为驱动系统、机械系统、控制系统、人机交互系统、感知系统和机器人-环境交互系统六个子系统,如图 6-24 所示。

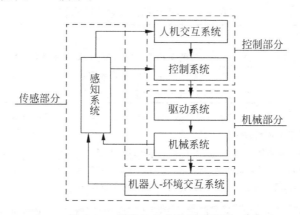

图 6-24　机器人基本组成示意图

医用机器人是指作为医用设备或医用系统使用的机器人,主要包括辅助外科手术机器人和康复、评价、补偿和缓解机器人。医疗机器人技术是集医学、生物力学、机械学、机器人等诸多学科为一体的新型交叉研究领域。这里所指医用机器人不包括医院服务机器人和胶囊/微型机器人。机器人辅助外科手术设备或系统是指结合可编程医用电气系统(PEMS)驱动机构,旨在帮助放置或操作外科手术仪器的医用电气设备或系统。康复、评价、补偿和缓解机器人是指用于执行康复、评价、补偿或缓解的医用机器人,包括受驱动的应用部分。另外,从安装方式来看,可分为固定式安装机器人和移动式机器人。

6.6.2　运行模式

医用机器人作为一种医用电气设备,电磁兼容测试需要满足 YY 0505 标准要求。目前没有对应的产品(专用)标准,相关行业标准还在起草中。

(1) 对于固定式的机器人,应在表 6-5 中适用的运行模式下进行测试。

(2) 对于移动式机器人,应在充电模式与工作模式状态下分别进行测试,见表 6-6。

表 6-5 固定式机器人测试运行模式

模式	说明
模式 1	所有部件处于上电状态，机器人处于待执行任务状态
模式 2	工作状态，如额定负载、额定速度、运动轨迹符合设计最大行程
模式 3（可选）	自定义模式

注：如模式 1、模式 2 不能涵盖最大发射状态或最敏感状态，则可选择自定义模式进行测试，需要在测试报告中描述自定义模式的状态。

表 6-6 移动式机器人运行模式

模式	说明
模式 1（充电模式）	低于电量 20%，充电状态，机器人不能工作
模式 2（工作模式）	典型工作模式：额定速度
模式 3（可选）	自定义模式

注：① 如模式 1 和模式 2 不能涵盖最大发射状态或最敏感状态，则可选择自定义模式进行测试，需要在测试报告中描述自定义模式的状态。

② 机器人可在连接电源或充电时正常工作，测试模式按照模式 2 进行。

③ 若机器人既可以在充电时正常工作，又可以在内部电池供电状态下工作，则测试应在这两种状态下的工作模式进行，模式 1 不需要进行，并在报告中备注具体的工作状态。

在工作模式测试状态下，用非导电物支撑起机器人，非导电支撑物高度不大于 15cm，如果该高度不能支撑起机器人应增加非导电支撑物的高度（并在报告中记录实际高度），使移动轮悬空。

6.6.3 测试布置

机器人进行测试布置时应依据 GB/T 6113.201 和 GB/T 6113.203 标准进行，设备布置方式按照表 6-7 中的要求，EUT 单元间的布置间隔距离应符合表 6-8 的要求。

表 6-7 EUT 测试布置

EUT 设计使用的布置方式	测试布置	备注
仅桌面式	台式设备	/
仅落地式	落地式设备布置	/
桌面式或落地式	台式设备	/
支架固定式	支架或台式设备	/
其他：壁挂式、吊顶式等	台式设备	按照正常方向：如果设备设计成吊顶式，EUT 朝下的面应布置成向上

注：如果放置在桌面上进行测试有物理危险，可以按照落地式设备进行布置，但是应在报告中明确原因。

表 6-8　单元布置间隔、距离和容限

单　　　元	间隔/距离	容限(±)	测试
测试桌上两单元的间隔	≥0.1m	10%	传导、辐射
两单元中一个或多个不是桌上型单元之间的距离	典型安排	不适用	传导、辐射
含有 EUT 的机架与垂直升起并以正常测试离开测试场地的布线之间的距离	0.2m	10%	传导、辐射
AMN 与 EUT 之间的距离	0.8m	10%	传导
AMN 与本地辅助设备间的距离	≥0.8m	10%	传导、辐射
AAN 与 EUT 之间的距离	0.8m	10%	传导
AAN 与本地辅助设备间的距离	≥0.8m	10%	传导、辐射
1GHz 以下辐射的测试距离	3～10m	±0.1m	辐射
1GHz 以上辐射的测试距离	3m	±0.1m	辐射
EUT、本地辅助设备及相关线缆和除参考接地平板外的金属平面间的距离。该距离不适用于组合式设备	≥0.4m	10%	传导
落地式设备、本地辅助设备、相关线缆与参考接地板之间的绝缘物的厚度	≤0.15m	10%	传导、辐射
辐射发射的测试桌的高度(台式设备)	0.8m	±0.01m	辐射
传导发射的测试桌的高度(台式设备)	0.8m 或 0.4m	±0.01m	传导

对于台式机器人或落地式机器人的布置,与其他医用电气设备的布置要求是一样的。移动式机器人在正常工作时,放置在一个绝缘材料支撑系统(高度不高于15cm)上,使机器人的驱动系统可自由运动。移动式机器人的布置见图 6-25。

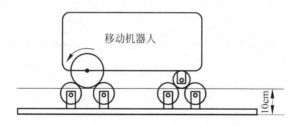

移动机器人

10cm

图 6-25　移动机器人布置图

6.6.4　符合性判定

医用机器人电磁兼容测试应满足 YY 0505 标准以及相关专标的要求。按照医用设备通用要求进行分组分类。抗扰度性能判据应满足 YY 0505 标准 36.202.1j)要求,同时对基本性能进行监测。

常见抗扰度不合格例子如下。

(1)电快速瞬变脉冲群试验,康复机器人出现显示屏不能正常显示、电机停

顿、误报警现象,应判不符合要求;

(2) 静电放电试验,对康复机器人显示屏放电,显示屏出现黑屏,对通信端口放电,出现误报警,通信中断,应判不符合要求。

6.7 影像型超声诊断设备的电磁兼容测试

6.7.1 结构组成及工作原理

1. 结构组成

影像型超声诊断设备主要由主机和探头两部分组成。超声探头的主要作用是实现电信号与超声信号之间的转换。影像型超声诊断设备的主机部分主要对探头接收的信号进行处理及显示。主机的常见构成部件有计算机系统、操作键盘、显像装置、全数字超声发射聚焦及信号处理单元、电池,外置电源适配器。影像型超声诊断设备选购附件包括脚踏开关、打印机、ECG 导联线等。本案例中影像型超声诊断设备的结构组成包括探头、脚踏开关、ECG 导联线和等电位接地线,如图 6-26所示。

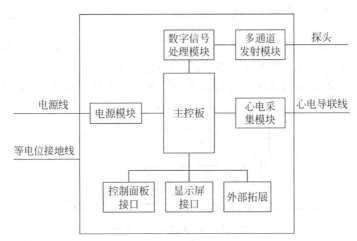

图 6-26　结构示意图

超声探头作为影像型超声诊断设备的重要部件,其质量和性能将直接影响到全系统的性能指标,如探测深度、分辨度和灵敏度等。超声探头可以从以下几个方面来分类。

(1) 按照探头中换能器所包含阵元数目可分为单元探头和多元探头;

(2) 按照波束控制方式可分为线阵探头、相控阵探头、机械扇扫探头、凸阵探头等;

（3）按照探头的几何形状可分为矩形探头、弧形探头、柱形探头、圆形探头等；

（4）按照诊断部位可分为体表探头、腔内探头、术中探头。

2．工作原理

影像型超声诊断设备包括二维灰阶成像系统（俗称"黑白超"）和彩色多普勒血流成像系统（俗称"彩超"），其中，彩色多普勒血流成像系统由二维灰阶成像、多普勒频谱和彩色血流成像等部分构成。影像型超声诊断设备的基本工作原理主要是振荡器产生控制系统工作的同步触发脉冲，发射器受触发后产生一组激励脉冲送入当前的工作探头中，探头中将有一组阵元受到激励并发射超声波。超声波在组织中传播，经过组织的反射后回到探头的超声波由同一组阵元接收并转换为电信号，经回波信息处理系统处理后，在显示器显示，如图 6-27 所示。影像型超声诊断设备利用超声波通过人体组织时的变化规律来传递人体内部结构和功能信息，达到对人体检查和诊断的目的。

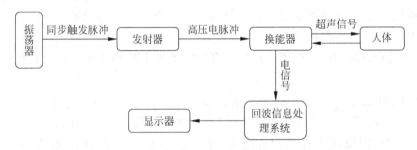

图 6-27　影像型超声诊断设备的工作原理

3．基本成像模式

1）B 型

B 型图像是使用辉度（Brightness）来显示二维（2D）扫查平面超声回声强弱的一种扫描模式，临床诊断用于获得被扫查的组织截面的解剖信息。

2）M 型

M 型图像是显示一维的扫描线位置在不同时刻的超声回波信号的强弱的一种扫描模式，临床诊断主要用于观察指定的一维扫查线位置在不同时刻的组织运动情况。

3）脉冲多普勒

脉冲多普勒（Pulse Wave Doppler，PWD）成像是利用多普勒效应检测流经指定的一个线段区域的不同时刻血红细胞运动的速度、方向和能量大小，临床可用于获取各种血流运动信息，用于各种与血流信息相关的疾病诊断。

4）彩色血流成像

彩色血流成像（Color Flow Motion，CFM）用于在 2D 平面上显示被扫查组织中血流的运动方向和速度大小,通过多普勒技术获取的人体血流或组织的运动速度在组织平面上分布,在 2D 超声图的基础上,用彩色方式实时显示血流的方向和相对的速度。用红色和蓝色代表血流方向,用彩色的明暗度表示血流平均速度的快慢。用红、蓝混合的杂乱彩色表示血流的分散性以及湍流的情况,反映血流的性质。

5) 彩色能量图

彩色能量图(Color Power Angio,CPA)用于在 2D 平面上显示被扫查组织中血流的运动的能量大小,由于单纯的能量是一个绝对值,多次的血流能量信息检测结果能够进行累加,有利于显示更细小的血流运动信息,提升血流检测的灵敏度,多用于低速血流的检测。

6) 实时三同步(B+CFM+PW,B+CPA+PW)

B 模式、彩色血流成像模式或彩色能量图和脉冲多普勒成像模式实时地进行三同步扫描,主要是有利于通过 B+CFM 或 B+CPA 模式实时动态了解被扫查组织整体的血流运动信息,同时能够准确定位到需要实时连续观察血流运动状态随时间变化的目标位置,该位置的血流信息能够通过 PW 模式更加准确有效地检测出来。

7) 三维成像

三维(3D)成像是通过对多帧不同方向上的 B 型图像进行 3D 的扫描变换,形成一个 3D 的图像,临床上可以直观地观察被扫描组织和对象的立体结构。3D 成像的超声扫描模式与常规的 B 型模式是一致的,只是在图像处理部分对 B 型所获取每一帧 2D 图像根据位置信息进行 3D 的扫描变换,进行 3D 重建,从而形成一幅 3D 图像,3D 成像一般是只进行一次后处理,形成静态的 3D 图像。

8) 四维成像

四维(4D)成像是采用 3D 超声图像加上时间维度参数。第四维是指时间这个矢量,因而 4D 成像是实时动态成像。4D 成像需要探头在扫查方向均匀地摆动,同时在图像处理部分对 B 型所获取每一帧 2D 图像根据位置信息,实时进行 3D 的扫描变换,进行 3D 重建,从而形成一幅 3D 的图像,根据扫查方向的更新和变化,实时显示所扫描组织的 3D 结构图。

用于医学临床诊断的超声探头频率范围在 1~60MHz。目前,影像型超声诊断设备最常用的超声频率范围是 2~12MHz,使用时根据临床要求选取不同类型的超声探头和工作频率。

影像型超声诊断设备进行电磁兼容检测时应符合 YY 0505《医用电气设备   第1-2 部分:安全通用要求并列标准:电磁兼容 要求和试验》和 GB 9706.9《医用电气设备医用超声诊断和监护设备专用安全要求》标准的要求。

6.7.2　运行模式

1. 探头选择

根据《影像型超声诊断设备(第三类)技术审查指导原则》(2015 年修订版),对于配置有多种常规类型探头的影像型超声诊断设备,发射试验中的传导发射测试、辐射发射试验及抗扰度试验中的静电放电试验、辐射抗扰度试验、电快速瞬变脉冲群试验、射频场感应的传导抗扰度试验应至少选择每类探头中预期最不利的一个型号,发射试验中的谐波失真试验、电压波动和闪烁试验及抗扰度试验中的浪涌试验、在电源供电输入线上的电压暂降、短时中断和电压变化试验、工频磁场试验应选择预期最不利的一个代表探头。

如表 6-9 所示,为某台影像型超声诊断设备配套的探头及探头的技术规格。根据配置探头的结构类型,至少要选择线阵、凸阵、相控阵、4D 四种类型的探头进行测试;对于同种类型的探头,依据探头尺寸、阵元数、探测深度选择一个典型的型号进行试验。同时,根据探头的使用方式,用于体表和腔内的探头应至少分别选择一个型号进行试验。对于其他特殊类型探头,结合实际样品,从结构特点、标称中心频率、工作原理等方面,初步评估后确定是否试验。

表 6-9　影像型超声诊断设备的探头清单

探头型号	探头类型	标称频率/MHz	阵元总数	尺寸/mm×mm	单个阵元尺寸/mm	使用方式
C5-1E	凸阵($R<60$mm)	3.5	128	76.5×28	0.498	体表
C5-2E	凸阵($R<60$mm)	3.5	128	76.3×25.6	0.508	体表
C7-3E	凸阵($R<60$mm)	5.0	192	71×21.5	0.32	体表
C11-3E	凸阵($R<60$mm)	6.5	128	32.8×25	0.2089	体表
L12-3E	线阵	7.5	192	45.7×10.9	0.2	体表
L14-6NE	线阵	10.0	192	45.7×10.9	0.2	体表
L14-6WE	线阵	10.0	256	59.1×12	0.2	体表
V11-3E	凸阵($R<60$mm)	6.5	128	24.85×21.8	0.21035	腔内
V11-3BE	凸阵($R<60$mm)	6.5	128	24.8×21.8	0.21035	腔内
V11-3WE	凸阵($R<60$mm)	6.5	160	24.9×21.8	0.21035	腔内
P4-2E	相控阵	3.0	64	25.2×20.6	0.3	体表
P7-3E	相控阵	5.0	96	34×24.5	0.16	体表
P10-4E	相控阵	6.5	128	15.1×10.2	0.1	体表
SP5-1E	相控阵	3.0	80	38.2×30.5	0.24	体表

2. 模式设置

运行模式设置的基本原则是最大发射状态和对患者最不利的工作状态,且典型配置中的全部附件与正常使用时一致。对于影像型超声诊断设备,测试模式设置主要考虑的因素包括成像模式、可变增益的调节、超声输出功率、超声工作频率、探测深度、其他生理信号的配置。

影像型超声诊断设备在进行发射试验时，根据运行模式设置的基本原则，将探头设置在默认超声工作频率下连续声输出工作，设置最大声输出功率、最大增益、最大深度。根据测试所选探头选择成像模式，如果是 4D 探头，选择 4D 模式激活；对于其他探头，如果探头满足 B、C 和 PW 模式，则测试时应将 B、C 和 PW 模式同时激活，否则就选择 B+C 模式。配置 ECG 采集模块的影像型超声诊断设备，在进行发射试验时应连接心电导连线，使 ECG 正常工作，并设置最大增益。对于有电池的影像型超声诊断设备，辐射发射试验应在网电源和内部电源供电两种情况下分别进行试验。网电源供电时，应在电池电量低于电量 20% 时进行，同时对内部电池进行充电；内部电源供电时，应在电池电量高于电量 80% 时进行。

影像型超声诊断设备在进行抗扰度试验时，应对影像型超声诊断设备的所有运行模式进行试验。根据 GB 9706.9 的 36.202 条款的抗扰度要求，具有可变增益的超声诊断设备应在用户使用的典型增益条件下进行试验。这项设置是通过仿组织材料或血流体模来确定的，由用户调节增益呈现典型的设置状态。超声诊断设备在抗扰度试验之前应该将体模移走。配置 ECG 采集模块的影像型超声诊断设备，心电模拟器的心率值应根据产品技术要求设置在与所规定的正常运行相一致的最低值。对于有电池的影像型超声诊断设备，抗扰度试验中的静电放电试验、辐射抗扰度试验、传导抗扰度试验、工频磁场试验应在网电源和内部电源供电两种供电方式下分别进行测试。

6.7.3 测试布置

影像型超声诊断设备的测试应按照实际使用情况划分为台式设备和落地式设备进行布置。对于配置心电导连线的影像型超声诊断设备，为保证线缆布置的一致性，心电导连线在测试时推荐采用 IEC 60601-2-27 Ed.3 中的方式进行布置，如图 6-28 所示。

抗扰度试验的典型增益设置状态是通过用户调节增益和其他影像增强调整功能观察仿组织材料或血流体模来实现的。影像型超声诊断设备根据预期用途选择产生最不利条件的调制频率(2Hz 或者 1kHz)进行辐射抗扰度试验和传导抗扰度试验。对于测试模式中包含 PW 成像模式或者心电采集等其他生理信号采集功能的影像型超声诊断设备，在进行辐射抗扰度试验和传导抗扰度试验时应选择 2Hz 调制频率，其他测试模式则选择 1kHz 调制频率，例如 4D 模式。

此外，标准 GB 9706.9 的 36.202.6 条款要求包括超声换能器电缆在内的患者耦合电缆应采用电流钳进行传导抗扰度试验，并且所有患者耦合电缆可以使用一

| (a) 传导发射 | (b) 辐射发射 |

图 6-28　影像型超声诊断设备的发射试验布置

个电流钳同时进行试验。对于影像型超声诊断设备与患者有传导性接触的患者耦合点，应在耦合点上增加模拟手，模拟手的金属箔尺寸和放置应模拟在正常使用时患者和操作者耦合的近似区域。需要考虑是否在测试设备上加模拟手的抗扰度测试项目有电快速瞬变脉冲群以及传导抗扰度，如图 6-29 所示。

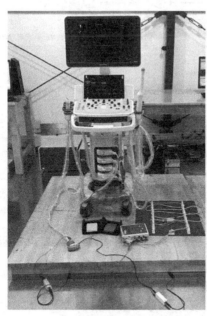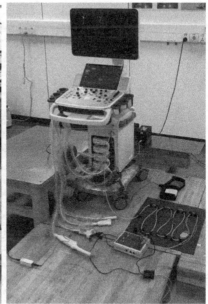

| (a) 电快速瞬变脉冲群 | (b) 传导抗扰度 |

图 6-29　影像型超声诊断设备的抗扰度试验布置图

6.7.4　符合性判定

1. 发射试验

标准 GB 9706.9 的 36.201 条款要求,影像型超声诊断设备应按照制造商在使用说明书中声明的预期使用环境分类为 1 组 A 类或 B 类。

如图 6-30 所示为一个线阵探头在做辐射发射试验时,成像模式分别设置在 B 模式、默认增益、默认深度,三同步(B、C 和 PW)模式、默认增益、默认深度和三同步模式、最大增益、最大深度的条件下。通过对比三张试验结果图可以发现,成像模式、增益和深度的选择对辐射发射的试验结果影响不大,试验结果无显著差异,但是以三同步模式、最大增益、最大深度条件下的辐射发射略高。

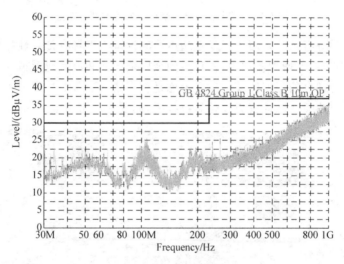

图 6-30　天线处于水平方向的辐射发射结果图。

绿色:B 模式、默认增益、默认深度;黄色:B+C+PW 模式、默认增益、默认深度;
蓝色:B+C+PW 模式、最大增益、最大深度

2. 抗扰度试验

根据影像型超声诊断设备的预期用途、使用环境等因素,影像型超声诊断设备的基本性能包括超声功率、图像频率等。

标准 GB 9706.9 对 YY 0505 符合判据的第 8～11 个破折号替换如下。

- 波形中的噪声,图像中的腐像或失真或所显示数字值的误差,其不能够归咎于生理效应且可能改变诊断结果;
- 与安全相关显示的误差;
- 非预期的或过量的超声输出;
- 非预期的或过量的换能器组件表面温度;

• 预期腔内使用的换能器组件,非预期的或不可控的运动。

当电磁扰动作用于预期使用配备 2m 以上电缆的换能器时,要求对采集微伏级信号的超声诊断设备不产生任何影响是不合理的。所以,GB 9706.9 要求影像型超声诊断设备在抗扰度试验时应能提供基本性能及维持安全。符合判断原则的实例包括:

(1) 影像型超声诊断设备显示的图像可以有扰动所产生的有规律的点或断线或线段,只要其不被识别为生理信号并不影响诊断即可;

(2) 影像型超声诊断设备显示的图像可以在多普勒轨迹上产生线段,只要其不被识别为生理信号并不影响诊断即可;

(3) 影像型超声诊断设备显示的图像和多普勒轨迹可能被噪声信号所覆盖,只要其不被识别为生理信号并不影响诊断即可。

例如,在电快速瞬变脉冲群试验中,影像型超声诊断设备显示的图像由于扰动产生了有规律的点,如图 6-31 所示,可能是设备的换能器受到干扰信号的影响,但是这种噪声在图像上有规律,不会被识别为生理信号影响诊断结果,依据标准中的符合性判定准则,这种试验现象是可以接受的。

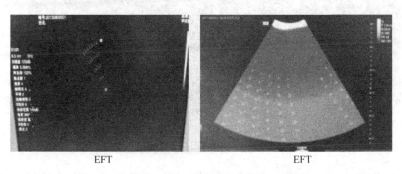

图 6-31　电快速瞬变脉冲群试验的试验现象

在传导抗扰度试验中,影像型超声诊断设备采集的图像和多普勒轨迹在某些频率段会出现有规律的线段,这些频率段通常是超声探头工作频率的倍频。由于探头最常用的工作频率范围是 2~12MHz,传导抗扰度试验的注入频率范围在0.15~80MHz,干扰信号的频率范围包含了探头的工作频率和工作频率的倍频。干扰信号在工作频率和工作频率的倍频时,通过探头电缆线耦合进主机,经处理后重叠显示在采集图像上。由这种干扰引起的图像噪声具有一定的规律性,可以与有用的生理信号识别出来,这种试验现象是可以接受的。如图 6-32 所示,为影像型超声诊断设备在进行传导抗扰度试验时,用电流钳对患者耦合线注入的试验现象;图 6-32(a)为主机配置心电导连线和相控阵探头的正常工作状态;图 6-32(b)为电流钳同时对心电导连线和相控阵探头电缆注入干扰信号时,测试频率在接近探头工作频率及工作频率倍频出现的试验现象；图 6-32(c)为主机配置 4D 探头的正常工作状态；图 6-32(d)为电流钳对 4D 探头电缆注入干扰信号时，测试频率在接近探头工作频率及工作频率倍频出现的试验现象。相控阵探头和 4D 探头在受到干扰信号影响后，影响系统显示的成像能直观地被识别为非生理信号产生的，在某种程度上不会对诊断产生影响，则认为符合试验要求。

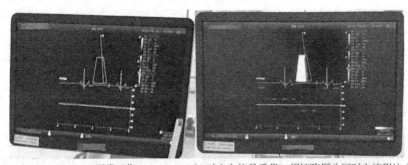

(a) 正常工作　　　　　　(b) 对心电信号采集、相控阵探头同时电流钳注入

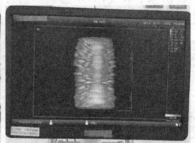

(c) 主机配置4D探头的正常工作　　　　　(d) 对4D探头电流钳注入

图 6-32　传导抗扰度试验现象

　　带有 ECG 采集功能的影像型超声诊断设备，且 ECG 作为基本性能，采集的心电信号出现异常最常见的几种情况是：在做传导抗扰度试验时用电流钳对心电采集线注入干扰信号；在做静电放电试验时对心电电极进行接触放电；在做电快速瞬变脉冲群试验时，心电波形可能出现异常扰动，甚至影响到测量的心率值。心电信号的符合性准则要结合产品技术要求中的误差范围来判定。厂家如果声称 ECG 信号不作为基本性能，不能用来代替心电监护仪/心电图机，试验时心电信号受扰，仍可判定合格。

6.8　神经和肌肉刺激器的电磁兼容测试

6.8.1　结构组成及工作原理

　　神经和肌肉刺激器(下称刺激器)产品是通过与病人直接接触的电极输出一定

的电信号流经人体组织,使人体发生电化学和/或电生理反应,来给病人神经肌肉的疾病诊断和/或治疗用的设备,常用于缓解颈、肩、腰、腿等关节和软组织损伤引起的疼痛。刺激器产品众多,通常由主机、治疗电极和相应电缆组成,根据电信号产生的方式大致可分为两大类:一类是采用模拟、数字电路设计实现简单波形的产品,如低频、中频、低频调制中频等;另一类是采用计算机软件设计的"多处方"复杂波形的刺激器产品。而根据电信号输出方式,也可分作两类:恒电压输出和恒电流输出。常见的刺激器产品有低频治疗仪、中频电疗仪和干扰电治疗仪等。刺激器结构示意图见图6-33。

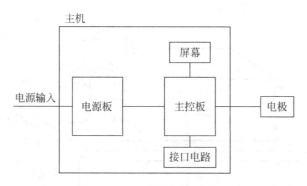

图 6-33 刺激器结构示意图

6.8.2 运行模式

刺激器的运行模式包括正常运行模式、待机模式和自定义模式。正常运行模式:开机,设置刺激器电刺激输出,并调节至刺激强度等级最高。待机模式:开机,刺激器通电待机。自定义模式:根据产品实际情况自行定义。根据刺激器的安全要求,该类产品在设定治疗参数后通常需要人为操作启动键或开始键后才能进入正常工作状态,因此机器通电开机但不启动电刺激输出功能的状态就是待机模式。在电磁兼容抗扰度试验时,对该类产品的待机模式的考察尤其重要,评价其是否受到干扰而误动作。

发射试验时,受试设备应在预期产生最大的发射电平的状态下工作,试验时,通常把电刺激强度调到最大以测得其最大发射电平。对于多处方的产品,其往往包含十几种治疗处方,且各种处方往往不能同时运行,若按照每一个治疗处方单独进行试验,将花费大量的时间和精力。实质上,每种处方的本质区别在于基波频率和调制波频率的不同。常用的治疗波形有矩形波、锯齿波、三角波和正弦波等,根据脉冲波形的傅里叶频谱变换可知,脉冲越陡峭即上升时间越短则高频谐波分量越高,高频成分比低频成分更容易通过辐射或传导的耦合途径传输。矩形波形的前沿十分陡峭,含有丰富的高频成分；正弦波的频谱最简单,只有一根谱线。因此,试验时可选择矩形波和正弦波这两种波形,选择高、中、低三种治疗频率来进行预测试,通过预测试的方式来评价产品的发射电平,找到最大发射状态。

6.8.3 测试布置

1. 发射试验布置要求

进行传导发射和辐射发射测试时,所有相关电极必须连接并应用到距离设备不大于400mm,含1000mL标准盐水体模中去,如图6-34所示。标准盐水是0.9%(9g/L或0.15mol)的生理盐水。

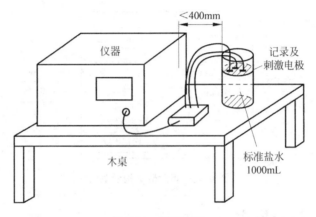

图6-34 测试布置

按照医用设备的分组分类要求,电刺激通常属于1组设备,从其使用场所来分,可分为A类设备和B类设备。A类设备为非家用和不直接连接到住宅低压供电网设施中使用的设备,例如用在医院等场所的电刺激就属于A类设备,这些场所的网电源连接是通过变压器或配电站与公共低压供电网隔离的。B类设备为家用和直接连接到住宅低压供电网设施中使用的设备,用于家庭的电刺激需要满足B类试验限值,因此辐射发射和传导发射的要求更高。无特殊情况下,电刺激大多属于B类设备,若厂家将产品定义为A类设备,需要在说明书中明确其使用场所,并有相关警示说明。

2. 抗扰度试验布置要求

1) 监测设备的连接

由于刺激器的电信号直接作用于人体,其治疗信号的准确性至关重要。一方面不能出现过大的电流,保证人身安全；另一方面不能出现偏离预设参数的电信号,影响治疗效果。因此,在试验过程中有必要在输出端并接示波器来监测输出信号,其连接如图6-35所示。

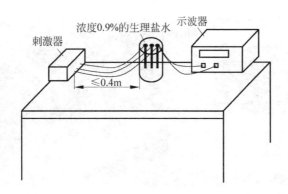

图 6-35 测试布置示意图

2）辐射抗扰度试验布置

YY 0607 对神经和肌肉刺激器的辐射抗扰度试验提出了特殊要求,在做辐射抗扰度试验时,设备的所有相关电极必须连接并应用到距离设备不大于 400mm,含 1000mL 标准盐水体模中去,并固定电极片的位置,若有多对电极片,则应保持电极片间距相同,如图 6-34 所示。试验应在 26MHz～1GHz 的频率范围进行,需要满足如下两个要求:在低于 3V/m 的抗扰度试验电平上,连续完成由生产厂家规定的预期功能;在 3～10V/m 之间的抗扰度试验电平上,连续完成由生产厂家规定的预期功能,允许失败但不会出现安全方面的危险。

6.8.4 符合性判定

刺激器产品在进行抗扰度试验时,符合性判定参照 YY 0505 的 36.202.1j)规定。其中辐射抗扰度试验还应满足 YY 0607 的 36.202.3 条款的要求,在抗扰度试验过程中特别需要注意以下几点。

1. 屏幕显示

在抗扰度试验时,屏幕会经常出现抖动、呈现干扰图形或雪花、显示误码、屏幕数值改变、蓝屏和黑屏等现象。对于屏幕轻微的抖动,出现少量的干扰条纹或雪花等噪声,只要不影响使用者对屏幕进行正常操作,则可判定合格;而对于屏幕显示数值的改变或者出现误码掩盖数值的显示,影响刺激器正常输出,则认为不符合要求,如图 6-36(a)所示为某产品正常工作时界面显示,图 6-36(b)为电快速瞬变脉冲群试验时的屏幕显示,被判定为不合格。

2. 是否正常工作

在某些高频脉冲骚扰的影响下,死机、重启、操作失常或者工作参数的改变是刺激器产品比较常见的试验现象。在进行静电放电、辐射抗扰度和电快速瞬变脉冲群试验时,由于骚扰信号会通过空间耦合到示波器探头上,使得示波器上显示出

(a) 正常状态　　　　　　　　　　　　　　(b) 试验状态

图 6-36　抗扰度试验时的屏幕显示

了骚扰信号的波形。此时,应观察示波器中电信号的变化,区分骚扰信号是信号发生器的耦合干扰信号,还是刺激器受干扰后输出的异常信号。当刺激器出现输出异常中断时,应判不符合要求。静电放电和电快速瞬变脉冲群试验,骚扰信号包含丰富的高频成分,设备电缆甚至印制板上的走线会变成非常有效的接收天线,设备受到干扰时其耦合路径较难判断,可能是通过线缆传导耦合,也可能是通过空间耦合干扰到设备电路板或芯片。需要注意的是,对于触摸屏的刺激器产品,即便屏幕显示正常且能正常输出电信号,但是屏幕操作失常或不灵敏,也应判定为不合格。

3. 产品器件损坏

在抗扰度试验中,刺激器产品常有被损坏而不能正常工作的现象,此现象常出现在浪涌和静电放电试验中。有些电刺激产品设计非常简单,在电源端并未增加浪涌保护装置,而浪涌是一种能量较大的骚扰,可造成电子产品损坏。而在静电放电试验时,通过直接放电产生的电流会引起设备中半导体器件损坏,而造成永久性失效。

6.9　电动轮椅车电磁兼容测试

6.9.1　结构组成及工作原理

电动轮椅车作为一种重要的康复工具,成为辅助康复中应用最广泛的康复产品之一。电动轮椅车是可由乘坐者或护理者操作的、由电机驱动、能控制速度、可使用手动或动力转向的供残障者使用的带有座椅支撑的轮式个人移动装置。电动轮椅车一般由座椅、扶手、弯腿脚踏板、轮组、控制系统、电机、蓄电池、适配器等组成。针对轮椅车的组成,主要的骚扰源来源于控制系统、电机、蓄电池和适配器等组成部分。组成结构如图 6-37 所示。

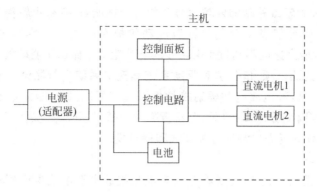

图 6-37　电动轮椅结构示意图

电动轮椅车可分为如表 6-10 所示的几种类型,电池充电器可分为车载电池充电器和非车载和随车携带的电池充电器两种类型。目前,市面上常见的电动轮椅车为 A 类带电子差速转向和电子制动控制的轮椅车,电池充电器为非车载式电池充电器。后续的内容将主要针对 A 类带电子差速转向和电子制动控制的轮椅车和非车载式电池充电器展开。

表 6-10　电动轮椅车及电池充电器分类

电动轮椅车	电池充电器
A 类:带电子差速转向和电子制动控制的轮椅车	带车载电池充电器/非车载和随车携带的电池充电器
B 类:带电子调速器、电动助力转向和电子制动控制的轮椅车	
C 类:带电子调速器、手动转向和电子制动控制的轮椅车	
D 类:带电子差速转向和手动制动控制的轮椅车	
E 类:带电子调速器、电动助力转向和手动制动控制的轮椅车	
F 类:带电子调速器、手动转向和手动制动控制的轮椅车	
G 类:带开关式电机、手动转向和手动制动控制的轮椅车	

注:一辆轮椅车可以属于多类。

6.9.2　运行模式

带电池充电器的电动轮椅车的运行模式一般有三种:充电模式、行驶模式和待机模式。由于电动轮椅车的特殊性,安全标准里规定的使用环境有室内、室外和公路。因此,电动轮椅车一般按 B 类产品进行测试。进行发射试验时,当电动轮椅车处于充电状态,则无法行驶;当电动轮椅车处于行驶状态,则无法充电。因此,发射试验需要分别考虑充电模式和行驶模式。

进行抗扰度试验时,充电模式、行驶模式和待机模式都应充分考察。进行行驶模式测试时,应监测电动轮椅车速度和方向的稳定性。考虑轮椅车使用环境的复杂程度,对各种固定或移动的射频信号源的抗干扰能力,要防止轮椅车因受到干扰使得速度或方向突然发生变化。针对电动轮椅车的电磁兼容测试,标准 GB/T 18029.21 已对最大速度不超过 15km/h 的电动轮椅车做出了明确的测试要求。

针对不同的测试项目,分别对驱动系统和充电系统进行测试。根据标准 GB/T 18029.21 要求,静电放电和辐射抗扰度试验需要测试充电模式、行驶模式和待机模式、电快速瞬变脉冲群、浪涌、电压暂降和中断、传导骚扰抗扰度试验需要测试充电模式;工频磁场需要测试行驶模式和待机模式。

1. 充电模式

进行充电模式测试前,需要将轮椅车电池组放电至电池生产厂家规定的截止电压,并在试验过程中持续监测电池是否正常充电。

2. 行驶模式

进行行驶模式测试前,设定控制器,使驱动轮轮速为最大速度的 $50\% \pm 10\%$。测试过程中,使用经过有效计量的转速计实时监测电动轮椅车的速度和转向。平均轮速变化不超过 $\pm 20\%$,差动轮速度变化不超过 $\pm 25\%$。

3. 待机模式

进行待机模式测试前,开启轮椅车电源,设定控制器,使驱动轮不转动且启用所有自动刹车。

6.9.3 测试要求

根据电动轮椅车的结构组成的差异,其测试要求及测试项目有所不同。对于结构组成不包含电池充电器的轮椅车,则电磁兼容测试项目为 4 项,分别为辐射发射、静电放电、射频电磁场辐射、工频磁场。对于结构组成包含电池充电器的轮椅车,其充电模式电磁兼容测试项目为 10 项,分别为传导发射,辐射发射,谐波失真,电压波动和闪烁,静电放电,射频电磁场辐射,电快速瞬变脉冲群,浪涌,射频场感应的传导骚扰,电压暂降、短时中断和电压变化。具体的试验项目及相应试验电平如表 6-11 所示。

表 6-11 轮椅车驱动系统及电池充电器的试验要求

测 试 项 目	轮椅车驱动系统	电池充电器
传导发射	不适用	1 组 B 类
辐射发射	1 组 B 类	1 组 B 类
谐波失真	不适用	适用
电压波动和闪烁	不适用	适用
静电放电	接触放电:$\pm 2kV$、$\pm 4kV$、$\pm 6kV$;空气放电:$\pm 2kV$、$\pm 4kV$、$\pm 8kV$;放电间隔 2s	接触放电:$\pm 2kV$、$\pm 4kV$、$\pm 6kV$;空气放电:$\pm 2kV$、$\pm 4kV$、$\pm 8kV$;放电间隔 2s

续表

测 试 项 目	轮椅车驱动系统	电池充电器
射频电磁场辐射	26～2500MHz, 20V/m, 驻留时间不小于2s	80～1000MHz, 3V/m, 驻留时间不小于0.5s
电快速瞬变脉冲群	不适用	±1kV, 100kHz
浪涌	不适用	线对线, ±1kV; 线对地, ±1kV, 0°、90°、180°、270°四个角度
射频场感应的传导骚扰	不适用	仅对电池充电器的电源端口进行试验, 3V/m, 驻留时间不小于2s
电压暂降、短时中断和电压变化	不适用	0%U_t, 0.5周期; 0%U_t, 1周期; 70%U_t, 25/30周期; 0%U_t, 5s
工频磁场	30A/m, 60s	不适用

1. 发射试验要求

由于电动轮椅车的使用环境复杂多变, 因此发射试验要求比较严格, 需要符合1组B类的限值要求。根据轮椅车的组成, 对于驱动系统的辐射发射测试, 样品的布置按照落地式设备布置, 将支撑系统置于接地平面上, 使轮椅车的轮子处于架空状态。测试时, 轮椅车速度设置为最大速度的50%±10%。

对于充电系统, 在进行充电模式测试前, 除非有特殊要求, 应将电动轮椅车的电池组放电至电池生产厂家所规定的截止电压, 允差为(0%～5%)。对于非车载和随车携带的电池充电器, 布置按照台式设备进行布置, 若制造商未规定充电器输出线长度, 用长度为2m±0.1m的电缆, 走线以形成最小回路面积。

2. 抗扰度试验要求

由于轮椅车经常在道路行驶, 因此需对固定的或移动的通信设备及其他电磁骚扰源发出的射频场具有抗扰性。轮椅车的意外运动、速度变化及变向均可引发伤害事故。因此, 轮椅车的抗扰度试验, 对其速度和方向的稳定性的监测是非常重要的。试验时, 需要使用两个转速计分别对轮椅车的左右轮进行转速监测, 其速度和转向稳定性分别通过下述公式计算得到。

1) 速度

平均轮速变化 ΔS_{avg} 值应不超过±20%。

对于所有双轮驱动的轮椅车, 计算平均轮速变化 ΔS_{avg} 以百分比表示, 见式(6-2):

$$\Delta S_{avg} = 0.5 \times \left(\frac{S_{l,on} - S_{l,off}}{S_{l,off}} + \frac{S_{r,on} - S_{r,off}}{S_{r,off}} \right) \times 100\% \qquad (6-2)$$

式中: $S_{l,off}$ 表示设定轮椅车速度达到最大速度的50%±10%后, 前左轮轮速; $S_{l,on}$

表示试验中左轮轮速；$S_{r,off}$ 表示设定轮椅车速度为最大速度的 $50\%\pm10\%$ 后，前右轮轮速；$S_{r,on}$ 表示试验中右轮轮速。

对于单轮驱动轮椅车，试验仅监测单轮轮速，计算 ΔS_{avg}，见式（6-3）：

$$\Delta S_{avg} = \left(\frac{S_{on}-S_{off}}{S_{off}}\right)\times 100\% \tag{6-3}$$

式中：S_{off} 表示设定轮椅车速度为最大速度的 $50\%\pm10\%$ 后和试验前的轮速；S_{on} 表示试验中轮速。

2）转向

对带电子差速转向的轮椅车（A、D 类轮椅车），差动轮速度变化 ΔS_{diff} 值应不超过 $\pm25\%$。计算差动轮速度变化 ΔS_{diff} 以百分比表示，见式（6-4）：

$$\Delta S_{diff} = \left(\frac{S_{l,on}-S_{l,off}}{S_{l,off}} - \frac{S_{r,on}-S_{r,off}}{S_{r,off}}\right)\times 100\% \tag{6-4}$$

3. 试验布置要求

电动轮椅车部分抗扰度试验布置有特殊要求，例如静电放电试验、辐射抗扰度试验和工频磁场试验，下面将单独列出。

1）静电放电试验

对于轮椅车的驱动系统，标准 GB/T 18029.21 的 10.1.1 条款规定了两种放电模型：人体放电模型和带静电的车架模型。人体放电模型，其目的就是为了模拟人体通过接触电动轮椅车从而对轮椅车放电；而带静电的车架模型，其目的是为了模拟轮椅车在驶过地毯时，车架电荷聚集，然后通过靠近接地金属物体放电。

(1) 人体放电模型。只测试垂直耦合板，测试前将按照标准 GB/T 18029.21 的 6.1 条款准备支撑系统，并在如下位置建立试验点：

- 每个电动机壳、变速箱体、电缆、连接器罩、开关杆或开关按钮、按制钮、指示器上建立 1 个试验点；
- 每个立方体封装外壳电路，在每个面上建立 1 个试验点；
- 每个非立方体封装外壳电路，在与类似尺寸立方体外壳最接近的每个表面上建立 1 个试验点，最多 6 个点；
- 如果轮椅车车架近似立方体，在每个面上建立 1 个试验点；
- 如果轮椅车车架为非立方体，在与类似尺寸立方体外壳最接近的每个表面建立 1 个试验点，最多 6 个点。

(2) 带静电的车架模型：测试前将按照标准 GB/T 18029.21 的 6.2 条款准备放电接地线，并将接地线和静电发生器接地线的放电回路电缆用低阻抗连接器与接地平面连接。沿轮椅车在正常行驶中可能与接地金属物体接触的周边每个位置建立 1 个试验点。

2）辐射抗扰度试验

对于辐射抗扰度试验，也将按照驱动系统和充电系统两部分进行测试。试验场地标准规定可以在半电波或全电波暗室，也可以在适合轮椅车尺寸的 GTEM 室进行测试。下面以常见的电波暗室为例。

（1）驱动系统试验。将电动轮椅车作为台式设备布置，从下面三个方向定位轮椅车，分别进行水平极化和垂直极化试验。测试频段为 26MHz～2.5GHz，测试场强为 20V/m，测试过程中实时监测电动轮椅车的速度和转向。

- 向前行驶方向对着天线；
- 倒车方向对着天线；
- 控制装置方向对着天线。

（2）充电系统试验。对带车载电池充电器的轮椅车作为落地式设备布置，对非车载和随车携带的电池充电器作为台式设备布置，测试频段为 80MHz～1GHz，测试场强为 3V/m。

3）工频磁场试验

标准 GB/T 18029.21 的 5.2.4 条款规定，将轮椅车作为台式设备布置，并分别在 50Hz 和 60Hz 频率下，按照等级 4 进行试验。运行模式需要测试行驶模式和待机模式。

6.9.4　符合性判定

根据标准 GB/T 18029.21—2012 的要求，电动轮椅车进行抗扰度试验应符合表 6-12 的性能判据。

表 6-12　电动轮椅车性能判据

试 验 项 目		性 能 判 据
静电放电	驱动系统	驱动系统应满足 5.2.5 的要求； 不用于驱动的电动装置应不运动
	带车载电池充电器的充电系统	放电过程中和每次放电或每组放电后 2s： • 驱动轮不运动； • 自动刹车不松开； • 不用于驱动的电动装置应不运动。 试验结束后，电池充电器应继续正常工作，不需要操作人员干预
	非车载和随车携带的电池充电器	放电过程中和每次放电或每组放电后 2s，电池充电器应继续正常工作，不需要操作人员干预

试 验 项 目		性 能 判 据
辐射抗扰度	驱动系统	驱动系统应满足 5.2.5 的要求； 不用于驱动的电动装置应不运动
	带车载电池充电器的充电系统	进行试验时： • 驱动轮不运动； • 自动刹车不松开； • 不用于驱动的电动装置应不运动。 试验结束后,电池充电器应继续正常工作,不需要操作人员干预
	非车载和随车携带的电池充电器	试验结束后,电池充电器应继续正常工作,不需要操作人员干预
电快速瞬变脉冲群	带车载电池充电器的充电系统	进行试验时： • 驱动轮不运动； • 自动刹车不松开； • 不用于驱动的电动装置应不运动。 试验结束后,电池充电器应继续正常工作,不需要操作人员干预
	非车载和随车携带的电池充电器	试验结束后,电池充电器应继续正常工作,不需要操作人员干预
浪涌	带车载电池充电器的充电系统	进行试验时： • 驱动轮不运动； • 自动刹车不松开； • 不用于驱动的电动装置应不运动。 试验结束后,电池充电器应继续正常工作,不需要操作人员干预
	非车载和随车携带的电池充电器	试验结束后,电池充电器应继续正常工作,不需要操作人员干预
传导骚扰抗扰度	带车载电池充电器的充电系统	进行试验时： • 驱动轮不运动； • 自动刹车不松开； • 不用于驱动的电动装置应不运动。 试验结束后,电池充电器应继续正常工作,不需要操作人员干预
	非车载和随车携带的电池充电器	试验结束后,电池充电器应继续正常工作,不需要操作人员干预

续表

试 验 项 目		性 能 判 据
电压暂降和短时中断	带车载电池充电器的充电系统	每次进行试验和试验后 2s： • 驱动轮不运动； • 自动刹车不松开； • 不用于驱动的电动装置应不运动。 在试验中和试验结束时，电池充电器可能暂时表现为功能丧失或性能下降，试验结束后这种现象也应停止，电池充电器应能自行恢复，不需要操作人员干预
	非车载和随车携带的电池充电器	在试验中和试验结束时，电池充电器可能暂时表现为功能丧失或性能下降，试验结束后这种现象也应停止，电池充电器应能自行恢复，不需要操作人员干预
工频磁场	驱动系统	驱动系统应满足 5.2.5 的要求； 不用于驱动的电动装置应不运动

6.10　本章小结

　　本章主要阐述医疗设备电磁兼容测试技术的实际应用，将理论与具体实践相结合，列举了 9 种常见的医疗设备，从产品的工作原理和组成、测试模式的选择、测试布置、抗扰度综合判定等方面进行详细阐述。结合实际测试经验，突出产品特点，将产品工作原理与产品特点、特殊要求相结合，有很强的针对性和可操作性。阐述过程中，对具体问题进行了分析，并结合了实际案例，帮助读者更好地开展电磁兼容测试。

附录 A

产品（专用）特殊要求

这里将目前医疗设备涉及的行业标准中对电磁兼容有特殊要求的标准进行整理。所谓"特殊要求"是指对 YY 0505 标准进行补充、替换，增加的信息的标准，直接采用 YY 0505 标准的条目不在这里列出。标准对于 EMC 的要求内容来源于对应版本标准中的电磁兼容性条款。

表 A.1 具有 EMC 特殊要求的国家标准/行业标准列表

序号	现行产品标准	相应的国际标准	标准名称	标准对 EMC 的要求[①]
1	GB 9706.4— 2009	等同 IEC 60601-2- 2:2006	医用电气设备 第 2-2 部分：高频手术设备 安全专用要求	36 电磁兼容性 根据通用标准，除下述内容外，并列标准 YY 0505—2005 适用。 36.201 发射 36.201.1 保护无线电业务 增补以下内容： 当高频手术设备电源接通而高频输出不激励，并且接上其所有电极电缆时，应符合 CISPR11 第 1 组的限值要求。 36.202 抗扰（性） 36.201要求，在这些试验条件下，高频手术设备应符合 CISPR11 第 1 组的限值要求。 36.202.1 通用性

续表

序号	现行产品标准	相应的国际标准	标准名称	标准对 EMC 的要求
1	GB 9706.4—2009	等同 IEC 60601-2-2:2006	医用电气设备 第 2-2 部分：高频手术设备安全专用要求	j) 符合性规则： 在 j) 末尾增补： 以下现象应被看作可接受的性能降格： ——高频手术设备操作面板上清晰指明了的高频功率输出中断或复位到待机状态； ——释放的输出功率 变化在 50.2 允许范围内
2	GB 9706.5—2008	等同 IEC 60601-2-1:1998	医用电气设备 第 2 部分：能量为 1MeV 至 50MeV 电子加速器安全专用要求	36 电磁兼容 替换： YY 0505—2005/IEC 60601-1-2 中的要求和试验和下述 36.201.1,36.202.2 给出的额外要求必须适用于电子加速器及其组成部分——信息技术设备(ITE)。用于测量的现场必须是典型的通常用于安装电子加速器的场所，可以是在用户处或现在制造商处。规定的允许值必须证明合理并包括在随机文件中。 36.201 发射 36.201.1 射频(RF)发射 补充： aa) 遵守的要求必须采用 GB 4824/CISPR 11 分类为 1 组 A 类永久性安装设备的要求。 bb) 对射频发射，电磁干扰被外墙以内的结构物衰减，必须看作是设备固有的衰减。测量在距离外墙以外一段距离处进行。 按照 YY 0505—2005/IEC 60601-1-2，在安装设备的建筑物的外墙 30m 处测量，验证是否符合标准。 36.202 抗扰度 补充： aa) 应作为永久性安装设备，试验是否符合要求。

续表

序号	现行产品标准	相应的国际标准	标准名称	标准对 EMC 的要求
2	GB 9706.5—2008	等同 IEC 60601-2-1:1998	医用电气设备 第 2 部分：能量为 1MeV 至 50MeV 电子加速器安全专用要求	36.202.2 辐射射频电磁场 补充： aa) 对射频电磁场的抗扰度，防护电离辐射所需的建筑结构产生的衰减必须考虑为设备固有的衰减。 按照 YY 0505—2005/IEC 60601-1-2 规定进行试验，验证是否符合标准。测量用天线应放置在防护电离辐射的建筑结构外 3m 处
3	GB 9706.6—2007	修改采用 IEC 60601-2-6:1984	医用电气设备 第二部分：微波治疗设备安全专用要求	36 电磁兼容性 除下列内容外，《通用标准》的本章均适用。 替代： 设备应遵守 CISPR 第 11 号出版物《工业、科学和医疗射频设备无线电干扰特性的测量方法及允许值》的规定（外科手术水透热设备除外）。 用下述测试检查是否符合要求： 设备的各个辐射器在所有适合该辐射器的工作模式下工作，并且工作在额定输出功率状态。例如有可利用的脉冲输出，31.1 中规定的无用辐射，辐射器距器体模的最小和最大距离离由制造商规定。测试要求的这些条件在 CISPR 第 11 号出版物中已有规定
4	GB 9706.7—2008	等同 IEC 60601-2-5:2000	医用电气设备 第 2-5 部分：超声理疗设备安全专用要求	36 电磁兼容性 替代： 除下列内容外，设备应符合相关标准 YY 0505 的要求。 36.202.2.1d) 增加句子： 对抗扰度试验，规定 3V/m 的数值。 36.202.2.2d) 替代：

续表

序号	现行产品标准	相应的国际标准	标准名称		标准对 EMC 的要求
4	GB 9706.7—2008	等同 IEC 60601-2-5:2000	医用电气设备 第 2-5 部分:超声理疗设备安全专用要求		试验时,采用下列工作条件: ——治疗头浸入水中,输出功率设定为最大值和最大值的一半。 ——若输出电路能通过控制端进行调谐,应在调谐和失谐条件下进行测量
5	GB 9706.8—2009	等同 IEC 60601-2-4:2002	医用电气设备 第 2-4 部分:心脏除颤器安全专用要求	36	电磁兼容性(EMC) 替换: 36.201 发射 当除颤器处于充电/放电周期时,放宽这些要求。 36.201.1 无线电业务的保护 a)要求 在所有配置和工作模式下,除颤器应能符合 GB 4824,1 组的要求。为确定所适用的 GB4824 的要求,除颤器分类为 B 类设备。距离设备 10m 处测量的发射电平,在 230~1000MHz 范围内应不超过 30dBμV/m,在 30~230MHz 范围内应不超过 37dBμV/m。 b)试验 依照 GB 4824 试验方法来检验是否符合要求。 替换: 36.202.2 静电放电(ESD) a)要求 以 4kV 对空气放电和以 2kV 接触放电,操作者应观察不到任何设备运行时的变化。设备应工作在其正常指标的容限内。不允许系统性能降低或功能失效。然而,在 ESD 放电时,心电的毛刺,定搏脉冲的检测,显示的瞬间干扰或发光二极管(LED)的短时闪光是被接受的。

续表

序号	现行产品标准	相应的国际标准	标准名称	标准对 EMC 的要求
5	GB 9706.8—2009	等同 IEC 60601-2-4:2002	医用电气设备 第 2-4 部分：心脏除颤器安全专用要求	以 8kV 对空气放电或以 6kV 接触放电，设备可暂时性功能丢失，但应无操作者干预下 2s 内恢复，不应出现非预期的能量释放，不安全的失效状况，或存储数据的丢失。 b) 试验 按 GB/T 17626.2 所规定的试验方法和仪器进行下列增补试验： 在操作者或患者可触及表面的任一点上，用正和负两种极性，以 8kV 对空气放电或以 6kV 接触放电对设备进行试验。 36.202.3 辐射的 RF 电磁场 a) 要求 设备在下列特性的调制射频场中进行试验： ——场强：10V/m； ——载波频率范围：80MHz～2.5GHz； ——5Hz 的 80% 调幅系数的 AM 调制。 b) 试验 按 GB/T 17626.3 所规定的试验方法和仪器进行下列修改试验： 进行下列试验来检验是否符合要求： 在除颤器电极同接人模拟患者的负载（1kΩ 电阻与 1μF 电容并联）。被测设备的所有表面顺序地朝向射频场。在 10V/m 场强下，不应发生无意的放电或其他非预期的状态改变。不应有心律识别检测器（RRD）（假阳性）的无意启动。在 20V/m 场强下，不允许无意的能量释放。某些患者电缆配置会导致不符合这些抗干扰要求。在这种情况下，制造商应公开其满足其抗干扰后的降低电平。 36.202.4 电快速瞬变脉冲群

续表

序号	现行产品标准	相应的国际标准	标准名称	标准对 EMC 的要求
				a) 要求 可接网电源的设备在电网电源插座上应用电平 3 进行试验。只允许瞬时的功能失效。不允许无意的能量释放或其他非预期的状态改变。设备应在无操作者干预下恢复其测试前的状态。 b) 试验 按 GB/T 17626.4 所规定的试验方法和仪器进行试验。
5	GB 9706.8—2009	等同 IEC 60601-2-4:2002	医用电气设备 第 2-4 部分:心脏除颤器安全专用要求	36.202.5 浪涌 a) 要求 应按第 3 章对可接网电源的设备进行试验。符合性准则:不允许无意的能量释放或其他非预期的状态改变。设备应在无操作者干预下恢复其测试前的状态。 b) 试验 按 GB/T 17626.5 所规定的试验方法和仪器进行试验。 36.202.6 RF 场感应的传导骚扰 a) 要求 试验期间不应产生无意的放电或其他非预期的状态改变。不允许功能失效。 b) 试验 按 GB/T 17626.6 所规定的试验方法和仪器进行下列修改试验: 对既能使用电网电源也能使用电池运行的除颤器,从电源软电线(不是在信号输入端)注入具有下列特性的射频电压: ——射频电压幅度:3V(有效值); ——载波频率:150kHz～80MHz; ——5Hz 的 80% 调幅系数的 AM 调制。

续表

序号	现行产品标准	相应的国际标准	标准名称	标准对 EMC 的要求
5	GB 9706.8—2009	等同 IEC 60601-2-4：2002	医用电气设备 第 2-4 部分：心脏除颤器安全专用要求	36.202.8 磁场 a) 要求 试验期间不应产生无意的放电或其他非预期的状态改变。允许一些显示抖动，然而应可读取显示信息并且应不丢失或破坏存储的数据。 b) 试验 按 GB/T 17626.8 所规定的试验方法和仪器进行下列试验： 让设备在所有有轴向上承受磁场。设备上的心电导连线和电极短路
6	GB 9706.9—2008	等同 IEC 60601-2-37：2001	医用电气设备 第 2-37 部分：超声诊断和监护设备安全专用要求	36 电磁兼容性 增加： 超声诊断设备应符合 YY 0505—2005 和下列修订的要求。 36.201 对无线电服务的保护 替代： 根据 GB 4824—2004 超声诊断设备应分类为 1 组 A 类或 B 类设备，分类取决于其预期应用环境，应由制造商在使用说明书中声明。根据 GB 4824—2004 分类的导则见本标准的附录 CC。 36.202 抗扰度 36.202.1 f) 可变增益 增加： 注：对增益调节技术见本标准附录 BB。 用下列内容替代第 8 个至第 11 个破折号后的内容： ——波形中的噪声、图像中的赝像或失真所显示数字值的误差，其不能够归咎于生理效应且可能改变诊断结果；

续表

序号	现行产品标准	相应的国际标准	标准名称	标准对 EMC 的要求
6	GB 9706.9—2008	等同 IEC 60601-2-37:2001	医用电气设备 第 2-37 部分：超声诊断和监护设备安全专用要求	——与安全相关显示的误差； ——非预期的或过量的超声输出； ——非预期的或过量的换能器组件表面温度； ——预期腔内使用的换能器组件，非预期的或不可能的运动。 36.202.3 辐射射频的电磁场 b) 试验 替代： 3) 根据预期的用途，超声诊断设备应采用能产生最不利条件的 2 Hz 或 1 kHz(生理信号模拟率)调制频率进行试验，在试验报告中应公布所选用的调制频率。 36.202.6 由射频场引入的传导性干扰 b) 试验 替代： 3) 包括超声换能器电缆在内的患者耦合电缆应采用能产生患者耦合电流钳进行试验，包括超声换能器电缆在内的所有患者电缆可以使用一个电流钳同时进行试验。 能器电缆连接到超声诊断设备或系统应连接超声换能器，在所有情况下，注入点和患者耦合点之间应不使用特殊性质的退耦装置。 ——对于患者有传导性接触的患者耦合点，RC 单元的 M 端(见 CISPR 16-1-2)应与传导性的患者接地点直接连接，RC 单元的其他连接点，无法核实超声诊断设备的正常工作，在人造手的 M 端和患者耦合点之间可以使用患者模拟器。 的 M 端连接到超声诊断设备的正常工作，在人造手的 M 端和患者耦合点的超声诊断设备，按照 CISPR 16-1-2 ——超声换能器应采用 CISPR16-1-2 规定的人造手和 RC 单元来端接，人造手金属箔的尺寸和放置应模拟连接正常使用时患者和操作者耦合的近似区域。 ——对预期连接到单个患者有多个患者耦合点的超声诊断设备，按照 CISPR 16-1-2

续表

序号	现行产品标准	相应的国际标准	标准名称	标准对 EMC 的要求
6	GB 9706.9—2008	等同 IEC 60601-2-37：2001	医用电气设备 第 2-37 部分：超声诊断和监护设备安全专用要求	的规定，每一个人造手应连接到单个的公共接点，且该公共接点应连接到 RC 单元的 M 端。 替代： 6）根据预期用途，超声诊断设备应采用能产生最不利条件的 2Hz 或 1kHz（生理信号模拟频率）调制频率。在试验报告中应公布所选用的调制频率。 36.202.7 网电源输入线上的电压跌落、短路和电压波动 a）要求： 替代： 在表 210 规定的抗扰性试验级别中，超声诊断设备应符合 36.202.1j) 的要求。假定超声诊断设备维持安全，未发生元器件的失效和在操作者的干预下能恢复到实验前的状态，则允许在表 210 规定的抗扰性试验级别中，超声诊断设备偏离 36.202.1j) 的要求。 符合性的确认基于进行一系列试验期间和之后超声诊断设备的性能。每相的额定输入电流超过 16A 的超声诊断设备，免于进行表 210 规定的试验
7	GB 9706.19—2000	等同 IEC 60601-2-18：1996	医用电气设备 第 2 部分：内窥镜设备安全专用要求	36 电磁兼容性 除下述外，通用标准的条款适用。 补充： 下述应按 CISPR11 第 2 组进行： 超声内窥镜以及其供电装置； 与体外碎石相连的内窥镜附件及其医用电气设备； 与组织超声波吸引相连的内窥镜附件及其医用电气设备

续表

序号	现行产品标准	相应的国际标准	标准名称	标准对 EMC 的要求
8	GB 9706.26—2005	修改采用 IEC 60601-2-26:2003	医用电气设备第 2-26 部分：脑电图机安全专用要求	36 电磁兼容性 替换： 除下列内容外，YY 0505—2005 适用。 36.201 发射 36.201.b)1) 患者电缆 替换： 设备应用制造商规定的患者导线测试。为了满足通用标准的要求，设备的输入选择器或转换选择器应设置在任何会产生最不利情况的状态下，见图 102。 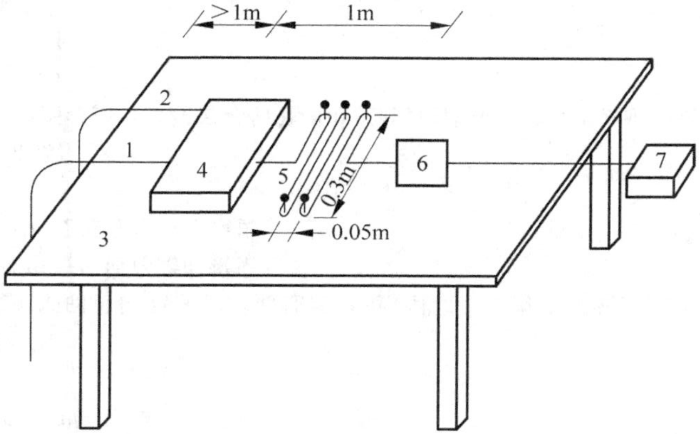

1—电源线；2—信号输入部分电缆/信号输出部分电缆；3—绝缘材料垫子；4—受试设备；5—患者电缆；6—由使用的设备规定的输入选择器、转换选择器等；7—EEG模拟器(如果易受射频干扰可以被屏蔽)

图 102 辐射和传导发射试验设置(见 36.201.1b)1))

续表

序号	现行产品标准	相应的国际标准	标准名称	标准对 EMC 的要求
8	GB 9706.26—2005	修改采用 IEC 60601-2-26:2003	医用电气设备 第2-26部分：脑电图机安全专用要求	36.202 抗扰度 36.202.2 静电放电 补充： aa) 性能准则 设备在放电期间可以允许暂时的性能降低，但在 10s 内应恢复到放电前的工作状态，且不会失去任何存储的数据。 36.202.6 RF 场感应的传导骚扰 补充： aa) 性能准则 当设备在受到经由电源线传导的射频电压时，应能在正常技术要求中运行。 (36.202.6b)3) 本条款不适用
9	GB 9706.27—2005	等同 IEC 60601-2-24:1998	医用电气设备 第2-24部分：输液泵和输液控制器安全专用要求	36 电磁兼容性 除下列条款外，并列标准 YY 0505—2005 的该条适用： 36.202 抗扰度 补充： 制造商规定的设备的安全性能不能因一个或几个抗扰度试验而失效，或通过这些试验，设备在不产生安全方面危险的情况下失效。上述的后者情况下，制造商必须规定在达到最差情况下的（非危险性）失效模式和失效等级。 通过下列试验来检验是否符合要求： 根据制造商的使用说明书将设备设定在正常使用状态。接通设备电源，选择中速运行。根据本专用标准所述的试验环境下进行标准中有关的试验。通过检查和功能试验确定是否符合上段提出的附加要求。（万一有怀疑，并且若设备仍旧继续输液，则在

续表

序号	现行产品标准	相应的国际标准	标准名称	标准对 EMC 的要求
9	GB 9706.27—2005	等同 IEC 60601-2-24:1998	医用电气设备 第 2-24 部分：输液泵和输液控制器安全专用要求	不改变任何先前所选的参数下进行一个为期 1h 的功能试验）。切断设备电源然后再接通电源。选择中速运行并进行另一个为期 1 小时的功能试验。 36.202.1 静电放电 除下列条款外（也可见附录 AA），并列标准 YY 0505—2005 的该条适用： 修改： 8kV 级用于触电放电，15kV 级用于空气放电。 36.202.6 磁场 除下列条款外，并列标准 YY 0505—2005 的该条适用。 修改： 场强：400A/m
10	YY 0319—2008	等同 IEC 60601-2-33:2002	医用电气设备 第 2-33 部分：医疗诊断用磁共振设备安全专用要求	36 电磁兼容 除下列内容外，通用标准的本章适用。 增补： 在受控进入区外，杂散磁场应低于 0.5mT，电磁干扰等级符合并列标准 YY 0505—2005。 在受控进入区内，6.8.2 ee)所规定的要求适用。 注 1：就电磁兼容而言，在安装后，受控进入区被认为是磁共振系统的一部分。 注 2：在受控进入区内，特殊的接口要求可由磁共振设备的制造商设定
11	YY 0570—2013	等同 IEC 60601-2-46:1998	医用电气设备 第 2 部分：手术台安全专用要求	36 电磁兼容 除下列内容外，通用标准的本章适用。 增补条款： 36.101 当与高频手术设备一起使用时，手术台和手术台的遥控装置不得造成安全方面的危险。

续表

序号	现行产品标准	相应的国际标准	标准名称	标准对 EMC 的要求
11	YY 0570—2013	等同 IEC 60601-2-46:1998	医用电气设备 第 2 部分:手术台安全专用要求	通过下述实验来检验是否符合要求: 用于本实验的高频手术设备必须符合 GB 9706.4,必须具备 400W 额定输出功率和准方波输出频率特性,并且必须在 400kHz～1MHz 的频率范围内工作。手术电极和中性电极的引线必须铺设于手术台面的边栏和/或暴露的金属部分。然后在产生 400W 输出功率的模式下操作高频手术设备。 a) 高频手术设备在开路下的工作不得导致手术台的运动; b) 在将手术电极和中性电极短路时操作高频手术设备,不得导致手术台的运动
12	YY 0571—2013	修改采用 IEC 60601-2-38:1996	医用电气设备 第 2 部分:医院电动床安全专用要求	36　电磁兼容 除下述条款外,并列标准 YY 0505—2012 适用。 36.202　抗扰度 增补: 将下述文本增补于并列标准 YY 0505—2012 36.202.1j)最后。 对于床的所有抗扰度试验的不合格程度是不符合本并列标准中的任一要求或会产生任何危险
13	YY 0600.1—2007	修改采用 ISO 10651-6:2004	医用呼吸机 基本安全和主要性能专用要求 第一部分:家用呼吸支持设备	36　电磁兼容 修改:呼吸机应符合 YY 0505—2005 的要求。呼吸机应是 B 类,不应视作生命支持设备

续表

序号	现行产品标准	相应的国际标准	标准名称	标准对 EMC 的要求
14	YY 0600.2—2007	修改采用 ISO 10651-2:2004	医用呼吸机 基本安全和主要性能专用要求 第 2 部分：依赖呼吸机患者使用的家用呼吸机	36 电磁兼容 修改：呼吸机应符合 YY 0505—2005 的要求。呼吸机应是 B 类，应视作生命支持设备
15	YY 0600.3—2007	修改采用 ISO 10651-3:1997	医用呼吸机 基本安全和主要性能专用要求 第三部分：急救和转运用呼吸机	GB 9706.1—2007 第 36 章适用。 36 aa) 按照经过如下修改的 YY 0505—2005 进行测试时，呼吸机应继续工作并达到本部分的要求，或者能够不造成安全危害而停机。 如果出现意外情况，例如显示中断、报警等，呼吸机应能够在电磁干扰出现后的 30s 内恢复正常运行。 注：激活状态报警的消声不应认为是故障。 36 bb) 适用 YY 0505—2005 的要求，同时做出如下修改： 36.202.1 将规定的测试电压更改为 8kV(接触放电)和 15kV(空气放电)。 当出现显示中断、报警、激活状态报警的消声等意外情况时，如果呼吸机在 30s 内恢复正常运行，则不认为是故障。 36.202.2.1 除非制造商另有说明，将等级由 3V/m 更改为 30V/m。 考虑到抗辐射测试的目的，呼吸机不应按照 YY 0505—2005 的 2.202 被定义为与患者相连接的设备

续表

序号	现行产品标准	相应的国际标准	标准名称	标准对 EMC 的要求
16	YY 0601—2009	等同 ISO 21647:2004	医用电气设备 呼吸气体监护仪的基本安全和主要性能专用要求	36 电磁兼容性 除以下内容，GB 9706.1—2007 第 36 章适用。 增加： 按照 YY 0505—2005 中的定义，呼吸气体监护仪不应被认定是生命支持设备或系统。RGM 应满足 YY 0505—2005 中的适当的要求。 除了这些要求外，对于预期用于在院外病人转运中的 RGM，应在整个 80～2500MHz 范围内，在 20V/m 的抗扰测试水平下（在 1000Hz 下 80% 的幅度调制）应符合 YY 0505—2005,36.202.3a)1)（见 YY 0505—2005，表 209）
17	YY 0607—2007	等同 IEC 60601-2-10:1987	医用电气设备 第 2 部分：神经和肌肉刺激器安全专用要求	36 电磁兼容 除下列内容外，YY 0505—2005 适用。 36.201 发射 36.201.1 无线电业务的保护 36.201.1b) 增加以下文本内容： 4）对射频辐射的发射测试，所有相关电极必须连接并应用到距离设备不大于 400mm，含有 1000mL 标准盐水体模中去。 36.202 抗扰度 36.202.3 辐射的 RF 电磁场 36.202.3a) 要求 1)～2)用以下文本替代该条目内容： ——在 26 MHz～1GHz 的频率范围内，在低于 3V/m 的抗扰实验电平上，连续完成由生产厂规定的预期功能，并且

续表

序号	现行产品标准	相应的国际标准	标准名称	标准对 EMC 的要求
17	YY 0607—2007	等同 IEC 60601-2-10:1987	医用电气设备 第2部分: 神经和肌肉刺激器安全专用要求	—在 26MHz~1GHz 的频率范围内,在 3~10V/m 之间的抗扰度实验电平上,连续完成由生产厂规定的预期功能,或者失败但不会出现安全方面的危险。 增加以下文本内容: 对辐射 RF 电磁场测试,所有相关电极必须连接并应用到剖距刺激设备不大于 400mm,含有 1000mL 标准盐水体模中去(见图 101) 图 101 测试安排布局[见 36.201.1b)4)和 36.202.3b)]
18	YY 0667—2008	等同 IEC 60601-2-30:1999	医用电气设备 第2-30部分: 自动循环无创血压监护设备的安全和基本性能专用要求	36 电磁兼容 除下述条外,YY 0505—2005 其余条均适用。 36.202 抗扰度 36.202.2 静电放电(ESD) 36.202.2a) 要求: 增补于第1段:

序号	现行产品标准	相应的国际标准	标准名称	标准对 EMC 的要求
18	YY 0667—2008	等同 IEC 60601-2-30:1999	医用电气设备 第 2-30 部分：自动循环无创血压监护设备的安全和基本性能专用要求	设备应在 10s 内恢复之前的工作状态，且无数据丢失。36.202.3 辐射的 RF 电磁场增补：设备测量误差不应超过允许的设备误差（见 50.2a）和模拟器误差的和，在如下测试条件下：设置待测设备为长期自动模式，设置定时器为最小时间间隔，选择新生儿模式（如果可以）。36.202.3b)3)增补：应使用 1～5Hz 单一调制频率条件下的 80% 幅度调制。36.202.3b)8)增补：袖带应连接一个无创血压模拟器。袖带和导气管通过至少有 1m 的长度以低感应方式捆绑，如果不行也可以小于 1m，然后信号导电缆（如适用）和主电缆应分别和设备垂直。36.202.4 电快速瞬变脉冲群增补：只有不含导电元素的袖带或导气管或患者电缆才无须进行本项测试。通过测试设备是否可以在 10s 内返回试验前状态来验证要求的符合性。36.202.8 磁场 36.202.8.1 工频磁场 b) 试验增补：不使用袖带、导气管或患者电缆。无创血压测量设备中任何和患者接触的电气连接都必须短接。

续表

序号	现行产品标准	相应的国际标准	标准名称	标准对 EMC 的要求
18	YY 0667—2008	等同 IEC 60601-2-30:1999	医用电气设备第 2-30 部分：自动循环无创血压监护设备的安全和基本性能专用要求	在下述条件下，设备的测量误差应不超过允许的设备误差（见 50.2a）和模拟器误差和的要求。符合性通过图 108 的设置进行测试，待测设备设置为长期自动测量模式，设置为最小时间间隔，选择新生儿模式（如果可以）。 典型 5PIN，Z 字形 1—电源线；2—信号线；3—绝缘材料桌子；4—被测设备；5—橡皮箍袖带；6—裹在 7 上的袖带；7—金属圆柱体 图 108 测试装置图（见 36.202.2.2 和 36.202.6） 36.202.15 高频手术设备干扰 当设备具有抗高频手术设备干扰的措施时，按照如下设置进行测试。 当设备与高频手术设备共同使用时，设备应在高频手术设备使用结束后 10s 内恢复到实验前状态，而且不会丢失存储的数据。

续表

序号	现行产品标准	相应的国际标准	标准名称	标准对 EMC 的要求
18	YY 0667—2008	等同 IEC 60601-2-30:1999	医用电气设备 第 2-30 部分：自动循环无创血压监护设备的安全和基本性能专用要求	按照图 109 和图 110 来验证符合性。 图 109 ESU 测试装置图（见 36.202.7） 1——手术电极；2——绝缘材料桌子；3——金属板；4——患者模拟器；5——中性电极；6——高频外科设备；7——电源线；8——被测设备；9——绕在连接模拟器金属箔上的袖带 如果使用了滤波器应选择最大带宽。 使用的高频手术设备应符合 GB 9706.4，应拥有最小 300W 的切割模式，最小 100W 的凝固模式，工作频率为 450kHz±100kHz。 a) 测试切割模式 检测过程中模拟器设置为 20kPa/12kPa（150mmHg/90mmHg），高频手术设备设置为 300W。

续表

序号	现行产品标准	相应的国际标准	标准名称	标准对 EMC 的要求
18	YY 0667—2008	等同 IEC 60601-2-30:1999	医用电气设备 第 2-30 部分:自动循环无创血压监护设备的安全和基本性能专用要求	

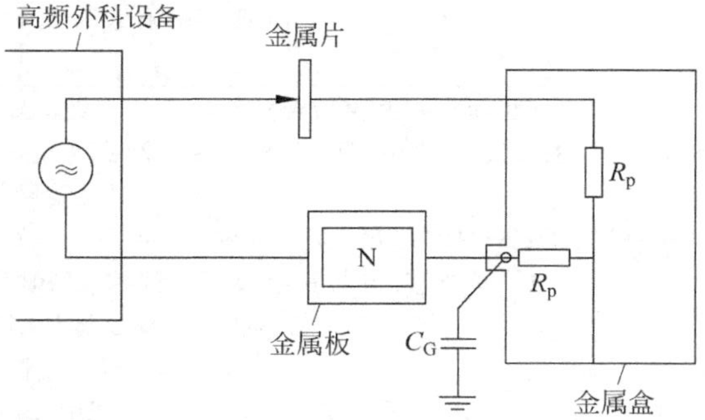

$R_p = 220\Omega$, 200W(低感应、模拟患者阻扰); $C_G = 47000$pF(使不同类型高频外科设备影响最小化设计)

图 110 患者模拟器(见 36、202.7)

利用手术电极接触测试设置的金属板,慢慢移动电极获得电火花。

当高频干扰结束后,设备的显示参数应在 10s 内恢复测试前的读数。

重复前面描述的测试步骤五次。

b) 测试凝固模式

在最大输出功率为 100W 的条件下测试。

取消喷射凝固的测试。

注:如果高频手术设备存在干扰测试中使用的模拟器的可能性,需要为模拟器提供足够的屏蔽 a)。

续表

序号	现行产品标准	相应的国际标准	标准名称		标准对 EMC 的要求
19	YY 0668—2008	等同 IEC 60601-2-49：2001	医用电气设备 第 2-49 部分：多参数患者监护设备安全专用要求	36	电磁兼容性 补充： 模块式和预置式设备检测是应装配最大数量的生理监护单元，应检测所有规定的生理监护单元。列于随机文件中的每组结构有相似结构的每组患者电缆和/或传感器的样品应随其相应的生理监护单元进行检测。 36.201.1.1 设备应符合 GB 4824 第 1 组的要求，A 类还是 B 类取决于制造商规定的使用目的
20	YY 0669—2008	等同 IEC 60601-2-50：2005	医用电气设备 第 2 部分：婴儿光治疗设备安全专用要求	36	电磁兼容性 36.202 抗扰度（见 YY 0505） 36.202.1 静电放电 36.202.2.1 要求 a）由下列内容替换本条款的内容： 对于射频电磁场辐射，光治疗设备和/或系统应： ——在电平升至为 3V/m 处，频率为 26MHz～1GHz 范围内按制造商规定的预期功能连续运行； ——在电平低于或等于 10V/m 处，频率为 26MHz～1GHz 范围内按制造商规定的预期功能连续运行或不会出现安全方面危险的故障
21	YY 0783—2010	等同 IEC 60601-2-34：2000	医用电气设备 第 2-34 部分：有创血压监测设备的安全和基本性能专用要求	36	电磁兼容性 除下述内容外，YY 0505—2005 适用。 36.201 发射 36.201.1a） 替换： 依赖于预期使用的环境，设备应满足 CISPR 11，第 1 组，A 类或 B 类的要求。

续表

序号	现行产品标准	相应的国际标准	标准名称	标准对 EMC 的要求
21	YY 0783—2010	等同 IEC 60601-2-34:2000	医用电气设备 第 2-34 部分：有创血压监测设备的安全和基本性能专用要求	使用说明书应指明该设备可以使用的环境。(36.201.1b) 1) 替换： 设备应与制造商指定的传感器之一一起被测试(见 36.202.2.2a)和图 108。 设备应满足针对制造商指定的任何一种传感器的测试要求。 注：这一项可以通过测试或测试或结构等同来证实。 在测试过程中,信号输入和信号输出电缆(若适用)应连接到设备上。 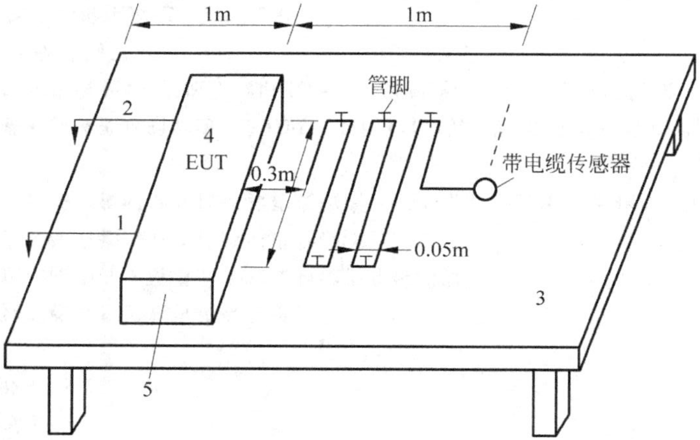

图 108 传导发射、辐射发射和辐射抗扰的测试布局(见 36.201.1.7,36.202,36.202.2)
1—电源电缆；2—可用的信号输出电缆(若适用)；3—用绝缘材料制成的桌子；4—EUT；5—可用的信号输入电缆；6—5 管脚为代表,但可以更多

续表

序号	现行产品标准	相应的国际标准	标准名称	标准对 EMC 的要求
21	YY 0783—2010	等同 IEC 60601-2-34:2000	医用电气设备第 2-34 部分：有创血压监测设备的安全和基本性能专用要求	36.202 抗扰度 36.202.1j) 增补： 用下列试验来检验是否符合要求： ——按照图 108 中所示的方式安装设备和传感器。 ——在零压力输入时对传感器进行校零。 ——将设备和传感器在任何标称灵敏度下依次暴露于特定的干扰中（射频、瞬变、磁场）。 该设备不应改变运行状态、丢失或改变已存储的数据，在控制软件中产生错误导致意外的输出改变，或在血压读取上产生超出制造商的规定之外的错误。这些准则测不 适用于 ESD 测试。 36.202.2 a)静电放电 替换： 对导电的可触及部件和耦合板进行 6kV 挡的接触放电。 对非导电的可触及部件进行 8kV 挡的空间放电。 增补： 设备应在 10s 内恢复到以前运行模式，且不能有任何的存储数据丢失。 36.202.3 辐射的 RF 电磁场 36.202.3a) 替换： 设备应符合 GB/T 17626.3 标准。 使用 3V/m 挡的场强。

续表

序号	现行产品标准	相应的国际标准	标准名称	标准对 EMC 的要求
21	YY 0783—2010	等同 IEC 60601-2-34:2000	医用电气设备第 2-34 部分:有创血压监测设备的安全和基本性能专用要求	3) 替换: 将设备暴露在频率为 1～5Hz 之间的正弦波 80% 调制的射频场强中。如果传感器电缆长于 1m,应参照图 108 将其缩短到 1m(若适用),网电源电源应该水平和垂直地从设备引出(图 108)。针对制造商所指定的任何传感器,该设备应应满足测试要求。 36.202.5a)浪涌 增补: 设备应在 10s 内恢复到以前的运行模式,且不能有任何的存储数据丢失。 36.202.6a)RF 场感应的传导骚扰 1) 替换: 当通过电源线暴露在传导电磁场中时,设备应运行在正常规格范围内。测试方法应如 GB/T 17626.6 中的描述。 向网电电源输入端口的噪声电压在 150kHz～80MHz 的频率范围内的有效值应为 3V。 它应是在 1～5Hz 范围内的任何单频率信号以 80% 幅度进行调制。 36.202.8.1a)工频磁场 增补: 将设备暴露在频率等于电力线频率或根据 GB/T 17626.8 由制造商指定频率的交流磁场中。 不损失系统的性能或功能。 磁场强度:3A/m。

续表

序号	现行产品标准	相应的国际标准	标准名称	标准对 EMC 的要求
21	YY 0783—2010	等同 IEC 60601-2-34:2000	医用电气设备 第 2-34 部分：有创血压监测设备的安全和基本性能专用要求	应将设备的所有面暴露。 当设备被暴露在这些磁场中时，应该运行在本标准允许的正常范围内。 36.202.15 电外科干扰 如果设备已经和高频手术设备一起使用，它应在暴露在高频手术设备所产生的场强之内的 10s 内恢复到原运行模式，且没有任何的存储数据丢失。 符合性验证应按照图 109、图 110 和图 111 来进行测试，如果 CF 型隔离是在传感器中，则符合性验证应按照图 110 和图 111 来进行测试。 使用的高频手术设备应符合 GB 9706.4 标准，即应具有最小功率为 300 W 的切割模式能力，最小功率为 100 W 的电凝模式能力，以及 450 kHz±100 kHz 的工作频率。 a) 切割模式下的测试 将血压监护仪设置为 120～150 mmHg 范围，高频手术设备的输出功率设置为 300 W。 监护仪应被校准成具有可视的零压力线。任何滤波器应设置为一个宽的频带位置。 使用有源电极接触测试中安装的金属触点/块（见图 109 和图 110），并缓慢地移开电极以产生火花。 重复以上过程 5 次。操作束后应马上被打开。测试信号应在 10s 内被记录/显示。 b) 电凝模式下的测试 除了设置高频手术设备的输出功率为 100 W 外，重复 a) 中的测试 喷射电凝模式不进行测试

续表

序号	现行产品标准	相应的国际标准	标准名称	标准对 EMC 的要求
21	YY 0783—2010	等同 IEC 60601-2-34:2000	医用电气设备 第2-34部分: 有创血压监测设备的安全和基本性能专用要求	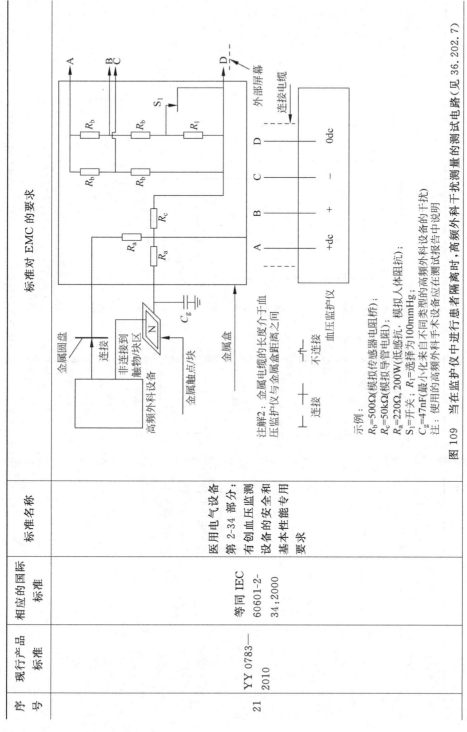

图 109 当在监护仪中进行患者隔离时,高频外科干扰测量的测试电路(见 36.202.7)

续表

序号	现行产品标准	相应的国际标准	标准名称	标准对 EMC 的要求
21	YY 0783—2010	等同 IEC 60601-2-34:2000	医用电气设备 第 2-34 部分：有创血压监测设备的安全和基本性能专用要求	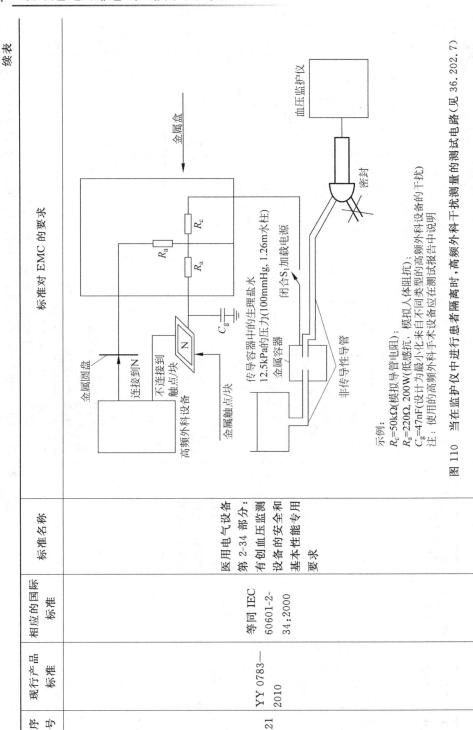

示例：
R_c=50kΩ(模拟导管电阻)；
R_a=220Ω, 200W(低感抗，模拟人体阻抗)；
C_g=47nF(设计为最小化来自不同类型的高频外科设备的干扰)。
注：使用的高频外科手术设备应在测试报告中说明

图 110　当在监护仪中进行患者隔离时，高频外科干扰测量的测试电路(见 36.202.7)

续表

序号	现行产品标准	相应的国际标准	标准名称	标准对 EMC 的要求
21	YY 0783—2010	等同 IEC 60601-2-34:2000	医用电气设备 第 2-34 部分：有创血压监测设备的安全和基本性能专用要求	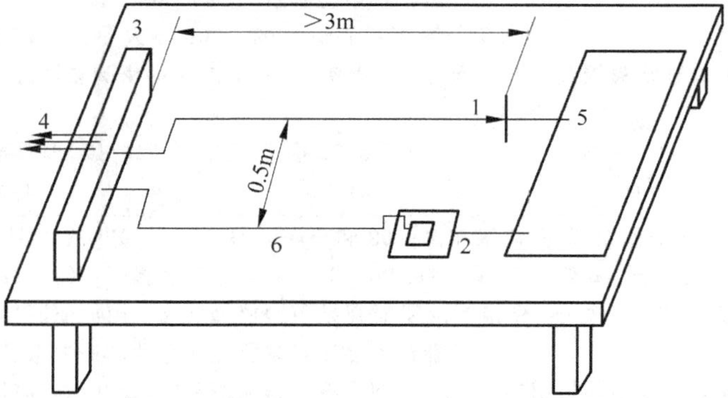 \u3000图 111 高频外科干扰测试布局(见 36.202.7)\u3000\u30001—图109、图110中的金属圆盘；\u30002—图109、图110中的中性电极；\u30003—高频外科手术设备；\u30004—至网电源；\u30005—按图109、图110布置测试；\u30006—用绝缘材料制成的桌子
22	YY 0784—2010	ISO 9919：2005	医用电气设备——医用脉搏血氧仪设备安全和主要性能专用要求	36 电磁兼容性\u3000除以下内容外，通用标准的本章适用。\u3000增加：\u3000脉搏血氧仪设备应符合 YY 0505—2005 标准的要求。\u3000注 1：脉搏血氧仪设备不认为是 YY 0505—2005 中所定义的生命支持设备或系统。

续表

序号	现行产品标准	相应的国际标准	标准名称	标准对 EMC 的要求
22	YY 0784—2010	ISO 9919:2005	医用电气设备——医用脉搏血氧仪设备基本安全和主要性能专用要求	针对 YY 0505—2005 标准中,36.36.202.1j)的符合性准则,在抗扰测试期间,脉搏血氧仪设备应工作在其声称的 SpO₂ 和脉率的准确度范围之内。应对处在校准范围内的一个 SpO₂ 读数进行针对脉搏血氧仪设备的抗扰测试。并确保至少与含噪声诱导的血氧准确度异不大于 5% 或小于(100%减去脉搏血氧仪设备的值的差诱导信号的比值的数值)。注2:噪声诱导的值可以是一个值,例如 R 等于 1 或 R 等于于红外通道的信号与红光通道信号的比值的数值。其他噪声诱导的值已是被观察的。脉率值应不同于噪声诱导的信号频率,并处在脉率显示的声称范围内。在按照 IEC 61000-4-2,IEC 61000-4-4,IEC 61000-4-5 和 IEC 61000-4-11 定义的瞬时测试期间出现的中断事件,脉搏血氧仪设备应在 30s 内从任何的中断中恢复。在这些测试中 SpO₂ 和脉率的信号可以是来自患者模拟器。除此之外,预期适用于院外转运的患者脉搏血氧仪设备,应符合 IEC 60601-1-2:2001.36.202.3 的 a)j)的要求;即在 80~2500MHz 的整个范围内(见 YY 0505—2005 的表 29)进行 20V/m(在 1000Hz 频率下的 80%幅度调制)的抗扰测试
23	YY 0786—2010	ISO 8185:2007	医用呼吸道湿化器呼吸湿化系统的专用要求	36 电磁兼容性 除下述内容外,GB 9706.1—2007 第 36 章适用。 增加: 湿化器或湿化系统作为 YY 0505—2005 所述的生命支持设备或系统考虑。湿化器或湿化系统应符合 YY 0505—2005 中适合条款的要求。 除下述内容外,YY 0505—2005 标准适用。 36.202.1 概述 j)符合性判断

续表

序号	现行产品标准	相应的国际标准	标准名称		标准对 EMC 的要求
23	YY 0786—2010	ISO 8185:2007	医用呼吸道湿化器 呼吸湿化系统的专用要求		替换： j) 在 36.202 规定的测试条件下，湿化器或湿化系统能保障基本的功能并且不产生安全危险，如果发生异常，例如：显示中断，假阴性或报警状态或者功能丧失但没有完全地危及连带的保护装置，在电磁干扰停止后 30s 内可恢复运行，这些不应认为是危险
24	YY 0455—2011	等同 IEC 60601-2-21:1996	医用电气设备 第二部分：婴儿辐射保暖台安全专用要求	36	电磁兼容 36.202 抗扰度 (IEC 60601-1-2) 36.202.1 要求 a) 有下列内容代替本文的内容 对于辐射射频电磁场的设备和(或)系统必须 ——在射频 26MHz～2.5GHz 范围，强度升至 3V/m 处，连续运行制造者规定的预定功能。 ——在射频 26MHz～2.5GHz 范围，强度小于或等于 10V/m 处，连续运行制造者规定的预定功能，或者出现不会产生安全方面危险的故障
25	YY 0834—2011	等同 IEC 60601-2-35:1996	医用电气设备 第二部分：医用电热毯、电热垫和电热床垫安全专用要求	36	电磁兼容性 除了下面的条款，通用标准均适用： 增加： 36.202 抗扰度 (见 YY 0505—2005) 设备和/或系统对于辐射的射频电磁场 ——在 3V/m 的抗扰度电平下，设备能继续执行厂商预定的功能和 ——在 10V/m 的抗扰度电平下，设备能继续执行厂商预定的功能或失败但不产生安全的隐患

续表

序号	现行产品标准	相应的国际标准	标准名称	标准对 EMC 的要求
26	YY 0827—2011	等同 IEC 60601-2-20:1996	医用电气设备 第二部分：转运培养箱安全专用要求	36 电磁兼容性 除了下面的条款，通用标准均适用： 增加： 36.202.2.1 抗扰度 对于辐射射频电磁场的设备和（或）系统必须： ——在射频 26MHz～1GHz 范围，强度升至 3V/m 处，连续运行制造者规定的预定功能。 ——在射频 26MHz～1GHz 范围，强度小于或等于 10V/m 处，连续运行制造者规定的预定功能，或者失败但不会出现产生安全方面危险的故障
27	GB/T 25102.13—2010	等同 IEC 60118-13:2004	电声学 助听器第 13 部分：电磁兼容性（emc）	6 抗扰度要求 表 1 中规定了确定助听器抗扰度时射频测试信号的场强。临近者兼容性是最低要求，使用者兼容性是附加特性，如果助听器能够满足使用者兼容性，可在说明书中声明 表 1 确定助听器抗扰度时射频测试信号场强

表 1 确定助听器抗扰度时射频测试信号场强

频率范围/GHz	临近者兼容性 当处于下场强时射频抗扰度以 IRIL≤55dB 表示 场强以 V/m				使用者兼容性 当处于下场强时射频抗扰度以 IRIL≤55dB 表示 场强以 V/m			
	0.08~0.8	0.8~0.96	0.96~1.4	1.4~2.0	0.08~0.8	0.8~0.96	0.96~1.4	1.4~2.0
	0.8	0.96	1.4	2.0 3.0	0.8	0.96	1.4	2.0 3.0
传声器模式	考虑中 3	考虑中	考虑中 2	考虑中	考虑中	考虑中 75	考虑中 50	考虑中
拾音线圈模式	考虑中 3	考虑中	考虑中 2	考虑中	考虑中	考虑中	考虑中	考虑中
指向性声器模式	考虑中 3	考虑中	考虑中 2	考虑中	无相关规定	无相关规定	无相关规定	无相关规定

说明：① 给出的测试场强为无调制的载波值。
② 如果助听器提供了该模式。

续表

序号	现行产品标准	相应的国际标准	标准名称		标准对 EMC 的要求
27	GB/T 25102.13—2010	等同 IEC 60118-13: 2004	电声学 助听器第 13 部分：电磁兼容性 (emc)		目前，还没有发现频率低于 0.8GHz 的射频干扰源会对助听器产生影响，所以暂不考虑在这个频率范围内的测试，同时，由于目前无线电话一般不提供感应耦合，所以拾音线圈模式下的使用者兼容性要求还在考虑中。即使助听器还支持另一个传声器输入选择(指向传声器)，也不考虑在这种模式下的使用者兼容性。拾音线圈模式下的助听器兼容性对于任意输入感应回路的抗干扰性能十分重要。同时，对于能用拾音线圈的助听为输入换能器来接收移动电话辅助收听装置(例如便携免提终端)发送的信号的助听器，拾音线圈模式下的临近者兼容性也很重要。因为工作在其他频段的设备正在逐渐普及、例如蓝牙和全球移动电话系统(UMTS)，本部分在未来的版本中可能会增加在这些频段的测试。 注：当需要产生高场强时，可能会导致射频功率放大器失真，必须确保该失真不会对测试结果产生影响
28	YY 0885—2013	修改采用 IEC 60601-2-47:2001	医用电气设备 第 2 部分：动态心电图系统 安全和基本性能专用要求	36	电磁兼容性 除了下列内容外，YY 0505—2005《医用电气设备 第 1-2 部分：安全通用要求 并列标准：电磁兼容 要求和试验》的要求适用。 36.201 发射 36.201.1 无线电业务的保护 a) 替换： 记录器应满足和 CISPR 11，Group 1，Class B 所对应的国家标准的要求。 b) 替换： 患者耦合设备和/或系统应当和患者电缆、传感器、导联线和患者的负载在一起进行测试，并且在终端连接上用于模拟患者的负载(见图 101 和图 102)。 信号输入/输出电缆(如适用)应和设备相连测试(见 36.202.2.2 的 a))。

续表

序号	现行产品标准	相应的国际标准	标准名称	标准对 EMC 的要求
28	YY 0885—2013	修改采用 IEC 60601-2-47:2001	医用电气设备 第 2 部分：动态心电图系统 安全和基本性能专用要求	

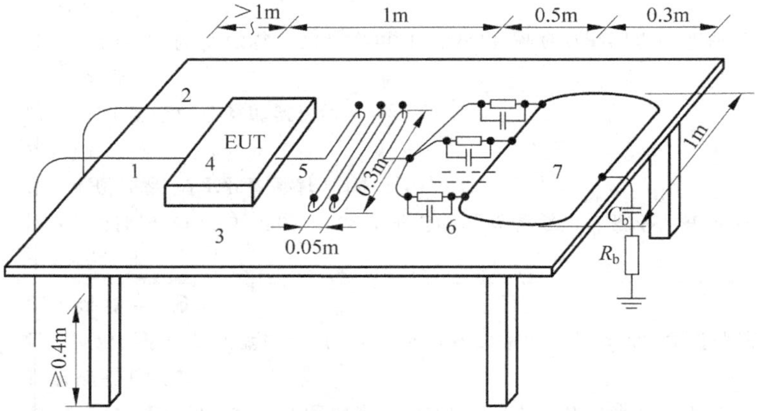

图 101 依照 36.201.1 建立的传导骚扰发射测试装置

1—电源线；2—信号线；3—绝缘材料的工作桌；4—被检设备；5—患者电缆；6—模拟病人的负载(51kΩ电阻与47nF电容并联)。C_b—220pF；R_b—510Ω(C_b与R_b串联以模拟手部)；7—金属板。

36.202 抗扰度

对第 4 段的增补：

可能出现安全危险的例子包括：工作状态的改变，不可恢复的存储数据丢失或改变。

36.202.2 静电放电

替换：

设备和/或系统应符合 GB/T 17626.2—2006《电磁兼容 试验和测量技术 静电放电抗扰度试验》。±6kV 适用于对导电的可触及部件和耦合板的接触放电。另外，±8kV 适用于不导电的可接触部件。

续表

序号	现行产品标准	相应的国际标准	标准名称	标准对EMC的要求
28	YY 0885—2013	修改采用 IEC 60601-2-47:2001	医用电气设备 第2部分：动态心电图系统 安全和基本性能专用要求	（见下图及说明）

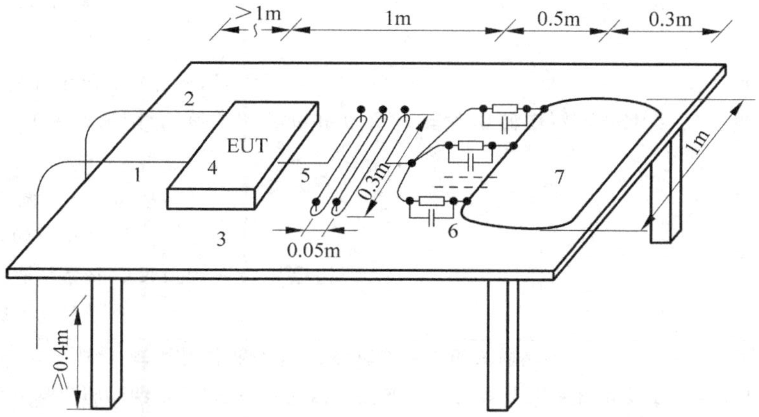

1—电源线；2—信号线；3—绝缘材料的工作桌；4—被检设备；5—患者电缆；6—模拟病人的负载(51kΩ电阻与47nF的电容并联)；7—金属板

图102 依照36.201.1与36.201.2建立的辐射污染和辐射抗扰性测试装置

该设备应在10s内返回到前的运行状态，而且存储数据不能有任何丢失。

36.202.3 射频电磁场辐射 36.202.3.1 要求

修改：

a)动态记录器应符合GB/T 17626.3—2006《电磁兼容 试验和测量技术 射频电磁场辐射抗扰度试验》，射频场强度应为3V/m。

36.202.3.2 测试条件

修改：

续表

序号	现行产品标准	相应的国际标准	标准名称	标准对 EMC 的要求
28	YY 0885—2013	修改采用 IEC 60601-2-47:2001	医用电气设备 第2部分：动态心电图系统 安全和基本性能专用要求	a) 应使用 1Hz～5Hz 的单一调制频率，80% 的振幅调制。设备电缆应被扎成 1m 的无感电缆束，且信号电缆束（如适用）和电源线（如适用）应按照图 102 所示相对设备水平和垂直放置。 b) 对于被测设备，测试频率的扫描或进步步进应从 80MHz 到 2.5GHz。 36.202.8 工频磁场 增补： 应将设备置于强度为 3A/m，磁通密度为 1Gs，频率为 3 倍工频的磁场中。设备应符合本专用标准的性能要求，且不应出现数据丢失。这个补充条款可参考 GB/T 17626.8—2006《电磁兼容 试验和测量技术 工频磁场抗扰度试验》
29	YY 0896—2013	修改采用 IEC 60601-2-40:1998	医用电气设备 第2部分：肌电及诱发反应设备安全专用要求	36 电磁兼容性 除下述内容外，YY 0505—2012 适用： 36.201 发射 b) 增补： 对于电磁辐射测试，所有相关电极应连接并应用到距离设备不大于 400mm，含有 1000mL 生理盐水的体模中去（见图 101）。 36.202 抗扰度 36.202.1 概述 增补： 要求用以下试验验证：在特定条件下，设备和/或系统输出的刺激的强度，振幅，脉冲持续时间或重复频率应在预设值的 ±10% 范围内。

续表

序号	现行产品标准	相应的国际标准	标准名称	标准对 EMC 的要求
29	YY 0896—2013	修改采用 IEC 60601-2-40:1998	医用电气设备第 2 部分:肌电及诱发反应设备安全专用要求	在进行 36.202.3a) 的试验过程中,显示的扰动是不作为判断不符合该标准要求的依据。 抗扰度试验之后,设备和/或系统仍应符合有关患者,患者辅助和对地漏电流的要求。 36.202.2 静电放电 增补: 静电放电试验对象应包括正常使用时组成患者回路的所有连接器和端子,以及所有可接触的表面,控制旋钮等。不与患者构成回路的连接器和端子无须测试。 36.202.3 射频电磁场辐射 b) 试验 8) 增补: 进行射频电磁场辐射试验时,所有相关电极应连接并应用到距离设备不大于 400mm,含有 1000mL 生理盐水的体模中去(见图 101)

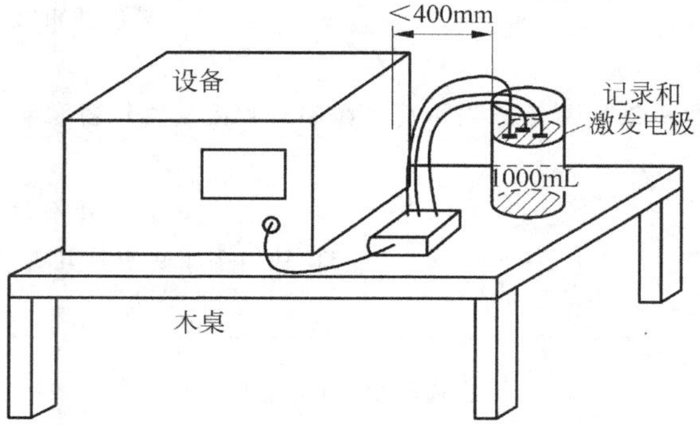

图 101 测试安排布局(见 36.201.1.7 和 36.202.2.2d))

续表

序号	现行产品标准	相应的国际标准	标准名称	标准对 EMC 的要求
30	YY 0945.2—2015	修改采用 IEC 60601-2-31：1994 ＋A1：1998	医用电气设备 第 2 部分：带内部电源的体外心脏起搏器专用安全要求	36 电磁兼容性 除下述内容外，通用标准的本条均适用： 36.202.1 静电放电 替换： 设备的结构应能保对暴露于重复的静电放电下所引起的安全危害有足够的防护程度。 符合性通过下列试验检查： 设备应按 GB/T 17626.2—2006 中第 7 章的规定进行布置。对于空气放电方法，应按照 GB/T 17626.2—2006 中第 8 章规定的步骤，对在正常使用中（包括用户维护）设备可触及的那些点和表面施加表 102 中规定的试验电压。 试验应以单次放电进行。试验电压应从严酷等级 1 逐级开始。在每个严酷等级，表 102 中规定的单次放电的次数应施加到每个试验点。在放电期间应有足够的时间来判断是否设备发生了故障。不应超过最终的严酷等级，除非制造商在公开的技术要求中规定了较高的静电放电抗扰度等级。 在任何严酷等级都不应观察到由于设备（部件）或软件的损伤，或数据的丢失而导致的不可恢复的永久性的降级或功能丧失。在表 102 中规定的任何严酷等级不应发生不恰当的能量传送到应用部分。 在严酷等级 1 或 2，设备应在技术说明范围内保持正常的性能； 在严酷等级 3 或 4，出现需要操作者干预的短暂的降级、功能或能的丧失是可接受的。 见 GB/T 17626.2—2006 中第 9 章中对于评价设备上的静电效应的通用准则

续表

序号	现行产品标准	相应的国际标准	标准名称	标准对 EMC 的要求
30	YY 0945.2—2015	等同 IEC 60601-2-31:1998	医用电气设备 第 2 部分：带内部电源的体外心脏起搏器专用安全要求	**表 102 静电放电要求**

严酷等级①	试验电压/kV	单次放电次数
1	2	10
2	4	10
3	8	2
4	15	2

注：① GB/T 17626.2—2006 中的表 1.b 定义了空气放电的严酷等级。

序号	现行产品标准	相应的国际标准	标准名称	标准对 EMC 的要求
31	YY 0649—2016	/	电位治疗设备	36.202 抗扰度 36.202.7 在电源供电输入线上的电压暂降、短时中断和电压变化 a) 要求： 替代： (1) 在表 210 规定的抗扰度试验电平上符合 36.202.1) 的要求。如果电位治疗设备在试验期间及试验结束后仍然安全，未发生元器件的损坏，并且在试验结束后标准中误自动恢复到试验前的状态，则允许电位治疗设备输出电压输出的有效电压的电位治疗设备，免于表 210 规定的试验差的要求。额定输入电流超过每相 16A 的电位治疗设备，免于表 210 规定的试验

注：① 各条目均来自相应标准。为保持一致性，内容及格式均与标准相同。

参考文献

[1]　阚润田.电磁兼容测试技术[M].北京：人民邮电出版社,2009.

[2]　龚庆成.体外循环技术指导[M].北京：人民军医出版社,2005.

[3]　Kay P H,Munsch C M.体外循环技术[M].刘燕,等泽.4版.北京：北京大学医学出版社,2012.

[4]　王质刚.血液净化学[M].北京：北京科学技术出版社,2003.

[5]　沙斐.机电一体化系统的电磁兼容技术[M].北京：中国电力出版社,1999.

[6]　刘培国,覃宇建,卢中昊,等.电磁兼容现场测量与分析技术[M].北京：国防工业出版社,2013.

[7]　朱兴喜,王星星,于春华,等.血液透析机质量控制检测技术参数规范的探讨[J].中国医学装备,2011,8(6)：14-18.

[8]　陈康.血液透析机概况及应注意的问题[J].医疗设备信息,2006,21(11)：37-44.

[9]　王洋.关于血液透析机主要参数的检测分析[J/OL].www.cnki.net.

[10]　王礼文.费森尤斯4008s血液透析机的报警与维修[J].医疗装备,2017,30(4)：63.

[11]　徐晖,何贤国.超声诊断仪图像干扰故障分析与处理[J].中国医疗设备,2014(29)：151-152.

[12]　GB/T 18268.1—2010.测量、控制和实验室用的电设备电磁兼容性要求　第1部分：通用要求[S].北京：中国标准出版社,2010.

[13]　GB/T 18268.26—2010.测量、控制和实验室用的电设备电磁兼容性要求　第26部分：特殊要求体外诊断(IVD)医疗设备[S].北京：中国标准出版社,2010.

[14]　YY/T 0646—2015.小型蒸汽灭菌器　自动控制型[S].北京：中国标准出版社,2015.

[15]　GB/T 13074—2009.血液净化术语[S].北京：中国标准出版社,2009.

[16]　YY 0505—2012.医用电气设备　第1-2部分安全通用要求并列标准：电磁兼容 要求和试验[S].北京：中国标准出版社,2012.

[17]　GB 9706.9—2008.医用电气设备　第2-37部分：超声诊断和监护设备安全专用要求[S].北京：中国标准出版社,2008.

[18]　影像型超声诊断设备(第三类)技术审查指导原则(2015年修订版)[S].北京：国家食品药品监督管理总局,2015.

[19]　牙科综合治疗机注册技术审查指导原则(2016年修订版)[S].北京：国家食品药品监督管理总局,2016.

[20]　YY/T 1120—2009.牙科学　口腔灯[S].北京：中国标准出版社,2009.

[21]　小型蒸汽灭菌器注册技术审查指导原则[S].北京：国家食品药品监督管理总局,2017.

[22]　GB 4824—2013.工业、科学和医疗射频设备骚扰特性限值和测量方法[S].北京：中国标准出版社,2013.

[23]　GB/T 9254—2008.信息技术设备的无线电骚扰限值和测量方法[S].北京：中国标准出

版社,2008.

[24] GB/T 6113.104—2016.无线电骚扰和抗扰度测量设备和测量方法规范 第1-4部分:无线电骚扰和抗扰度测量设备 辅助设备 辐射骚扰[S].北京:中国标准出版社,2016.

[25] GB/T 6113.201—2017.无线电骚扰和抗扰度测量设备和测量方法规范 第2-1部分:无线电骚扰和抗扰度测量方法 传导骚扰测量[S].北京:中国标准出版社,2017.

[26] GB/T 6113.203—2016.无线电骚扰和抗扰度测量设备和测量方法规范 第2-3部分:无线电骚扰和抗扰度测量方法 辐射骚扰测量[S].北京:中国标准出版社,2016.

[27] GB 17625.1—2012.电磁兼容 限值 谐波电流发射限值(设备每相输入电流≤16A)[S].北京:中国标准出版社,2012.

[28] GB/T 17625.2—2007.电磁兼容 限值 对每相额定电流≤16A且无条件接入的设备在公用低压供电系统中产生的电压变化、电压波动和闪烁的限值[S].北京:中国标准出版社,2007.

[29] GB/T 17626.2—2018.电磁兼容 试验和测量技术 静电放电抗扰度试验[S].北京:中国标准出版社,2018.

[30] GB/T 17626.3—2016.电磁兼容 试验和测量技术 射频电磁场辐射抗扰度试验[S].北京:中国标准出版社,2016.

[31] GB/T 17626.4—2018.电磁兼容 试验和测量技术 电快速瞬变脉冲群抗扰度试验[S].北京:中国标准出版社,2018.

[32] GB/T 17626.5—2008.电磁兼容 试验和测量技术 浪涌(冲击)抗扰度试验[S].北京:中国标准出版社,2008.

[33] GB/T 17626.6—2017.电磁兼容 试验和测量技术 射频场感应的传导骚扰抗扰度[S].北京:中国标准出版社,2017.

[34] GB/T 17626.8—2006.电磁兼容 试验和测量技术 工频磁场抗扰度试验[S].北京:中国标准出版社,2006.

[35] GB/T 17626.11—2008.电磁兼容 试验和测量技术 电压暂降、短时中断和电压变化的抗扰度试验[S].北京:中国标准出版社,2008.

[36] GB/T 25102.13—2010.电声学 助听器 第13部分:电磁兼容(EMC)[S].北京:中国标准出版社,2010.

[37] YY 0668—2008.医用电气设备 第2-49部分:多参数患者监护设备安全专用要求[S].北京:中国标准出版社,2008.

[38] YY 0667—2008.医用电气设备 第2-30部分:自动循环无创血压监护设备的安全和基本性能专用要求[S].北京:中国标准出版社,2008.

[39] YY 0784—2010.医用脉搏血氧仪设备基本安全和主要性能要求[S].北京:中国标准出版社,2010.

[40] YY 0601—2009.医用电气设备 呼吸气体监护仪的基本安全和主要性能专用要求[S].北京:中国标准出版社,2009.

[41] GB 9706.25—2005.医用电气设备 第2-27部分:心电监护设备安全专用要求[S].北京:中国标准出版社,2005.

[42] GB 9706.26—2005.医用电气设备 第2-26部分脑电图机安全专用要求[S].北京:中国标准出版社,2005.

[43] YY 0783—2010.医用电气设备 第 2-34 部分：有创血压监测设备的安全和基本性能专用要求[S].北京：中国标准出版社,2010.

[44] 多参数患者监护设备(第二类)产品注册技术审查指导原则(2015 修订稿).北京：国家食品药品监督管理总局,2015.

[45] YY 0607—2007.医用电气设备 第 2 部分：神经和肌肉刺激器安全专用要求[S].北京：中国标准出版社,2007.

[46] GB/T 18029.21—2012.轮椅车 第 21 部分：电动轮椅车、电动代步车和电池充电器的电磁兼容性要求和测试方法[S].北京：中国标准出版社,2012.

[47] GB/T 17743—2017.电气照明和类似设备的无线电骚扰特性的限值和测量方法[S].北京：中国标准出版社,2017.

[48] IEC CISPR 20：2013. Sound and television broadcast receivers and associated equipment Immunity characteristics limits and methods of measurement[S]. Geneva：IEC,2013.

[49] IEC 61326-1：2012. Electrical equipment for measurement, control and laboratory use-EMC requirements-Part 1：General requirements[S]. Geneva：IEC,2012.

[50] IEC 61326-2-6：2012. Electrical equipment for measurement, control and laboratory use, control and laboratory use-EMC requirements-Part 2-6：Particular requirements-In-vitro diagnostic (IVD) medical equipment[S]. Geneva：IEC,2012.

[51] IEC 60601-1-2：2004. Medical electrical equipment-Part 1-2：General requirements for basic safety and essential performance-Collateral standard：Electromagnetic compatibility-Requirements and tests[S]. Geneva：IEC,2004.

[52] IEC 60601-2-37：2015. Medical electrical equipment-Part 2-37：Particular requirements for the basic safety and essential performance of ultrasonic medical diagnostic and monitoring equipment[S]. Geneva：IEC,2015.

[53] CISPR 11：2016. Industrial, scientific and medical equipment-Radio-frequency disturbance characteristics-Limits and methods of measurement[S]. Geneva：IEC,2016.

[54] CISPR 16-1-1：2016. Specification for radio disturbance and immunity measuring apparatus and methods-Part 1-1：Radio disturbance and immunity measuring apparatus-Measuring apparatus[S]. Geneva：IEC,2016.

[55] CISPR 16-1-2：2017. Specification for radio disturbance and immunity measuring apparatus and methods-Part 1-2：Radio disturbance and immunity measuring apparatus-Coupling devices for conducted disturbance measurements[S]. Geneva：IEC,2017.

[56] CISPR 16-1-3：2016. Specification for radio disturbance and immunity measuring apparatus and methods-Part 1-3：Radio disturbance and immunity measuring apparatus-Ancillary equipment-Disturbance power[S]. Geneva：IEC,2016.

[57] CISPR 16-1-4：2018. Specification for radio disturbance and immunity measuring apparatus and methods-Part 1-4：Radio disturbance and immunity measuring apparatus-Antennas and test sites for radiated disturbance measurements[S]. Geneva：IEC,2018.

[58] CISPR 16-1-5：2016. Specification for radio disturbance and immunity measuring apparatus and methods-Part 1-5：Radio disturbance and immunity measuring apparatus-Antenna calibration sites and reference test sites for 5 MHz to 18 GHz[S]. Geneva：IEC,

2016.

[59] CISPR 16-2-1: 2017. Specification for radio disturbance and immunity measuring apparatus and methods-Part 2-1: Methods of measurement of disturbances and immunity-Conducted disturbance measurements[S]. Geneva: IEC,2017.

[60] CISPR 16-2-2: 2010. Specification for radio disturbance and immunity measuring apparatus and methods-Part 2-2: Methods of measurement of disturbances and immunity-Measurement of disturbance power[S]. Geneva: IEC,2010.

[61] CISPR 16-2-3: 2016. Specification for radio disturbance and immunity measuring apparatus and methods-Part 2-3: Methods of measurement of disturbances and immunity-Radiated disturbance measurements[S]. Geneva: IEC,2016.

[62] CISPR 16-2-4: 2003. Specification for radio disturbance and immunity measuring apparatus and methods-Part 2-4: Methods of measurement of disturbances and immunity-Immunity measurements[S]. Geneva: IEC,2003.

[63] IEC 61000-3-2: 2018. Electromagnetic compatibility (EMC)-Part 3-2: Limits-Limits for harmonic current emissions (equipment input current$\leqslant$16A per phase)[S]. Geneva: IEC, 2018.

[64] IEC 61000-3-3: 2017. Electromagnetic compatibility (EMC)-Part 3-3: Limits-Limitation of voltage changes, voltage fluctuations and flicker in public low-voltage supply systems, for equipment with rated current$\leqslant$16A per phase and not subject to conditional connection [S]. Geneva: IEC,2017.

[65] IEC TR 61000-4-1: 2016. Electromagnetic compatibility (EMC)-Part 4-1: Testing and measurement techniques-Overview of IEC 61000-4 series[S]. Geneva: IEC,2016.

[66] IEC 61000-4-2: 2008. Electromagnetic compatibility (EMC)-Part 4-2: Testing and measurement techniques-Electrostatic discharge immunity test[S]. Geneva: IEC,2008.

[67] IEC 61000-4-3: 2010. Electromagnetic compatibility (EMC)-Part 4-3: Testing and measurement techniques-Radiated, radio-frequency, electromagnetic field immunity test [S]. Geneva: IEC,2010.

[68] IEC 61000-4-4: 2012. Electromagnetic compatibility (EMC)-Part 4-4: Testing and measurement techniques-Electrical fast transient/burst immunity test [S]. Geneva: IEC,2012.

[69] IEC 61000-4-5: 2017. Electromagnetic compatibility (EMC)-Part 4-5: Testing and measurement techniques-Surge immunity test[S]. Geneva: IEC,2017.

[70] IEC 61000-4-6: 2013. Electromagnetic compatibility (EMC)-Part 4-6: Testing and measurement techniques-Immunity to conducted disturbances, induced by radio-frequency fields[S]. Geneva: IEC,2013.

[71] IEC 61000-4-7: 2008. Electromagnetic compatibility (EMC)-Part 4-7: Testing and measurement techniques-General guide on harmonics and interharmonics measurements and instrumentation, for power supply systems and equipment connected thereto[S]. Geneva: IEC,2008.

[72] IEC 61000-4-8: 2009. RLV Electromagnetic compatibility (EMC)-Part 4-8: Testing and

measurement techniques-Power frequency magnetic field immunity test[S]. Geneva: IEC, 2009.

[73] IEC 61000-4-11: 2017. Electromagnetic compatibility (EMC)-Part 4-11: Testing and measurement techniques-Voltage dips, short interruptions and voltage variations immunity tests[S]. Geneva: IEC, 2017.

[74] IEC 60118-13: 2016. Electroacoustics-Hearing aids-Part 13: Electromagnetic compatibility (EMC)[S]. Geneva: IEC, 2016.

[75] IEC 60601-2-27: 2011. Medical electrical equipment-Part 2-27: Particular requirements for the basic safety and essential performance of electrocardiographic monitoring equipment[S]. Geneva: IEC, 2011.

[76] ISO 7176-21: 2009. Wheelchairs-Part21: Requirements and test methods for electromagnetic compatibility of electrically powered wheelchairs and scooters, and battery chargers[S]. Geneva: IEC, 2009.